元素の秘密がわかる本

科学雑学研究倶楽部 編

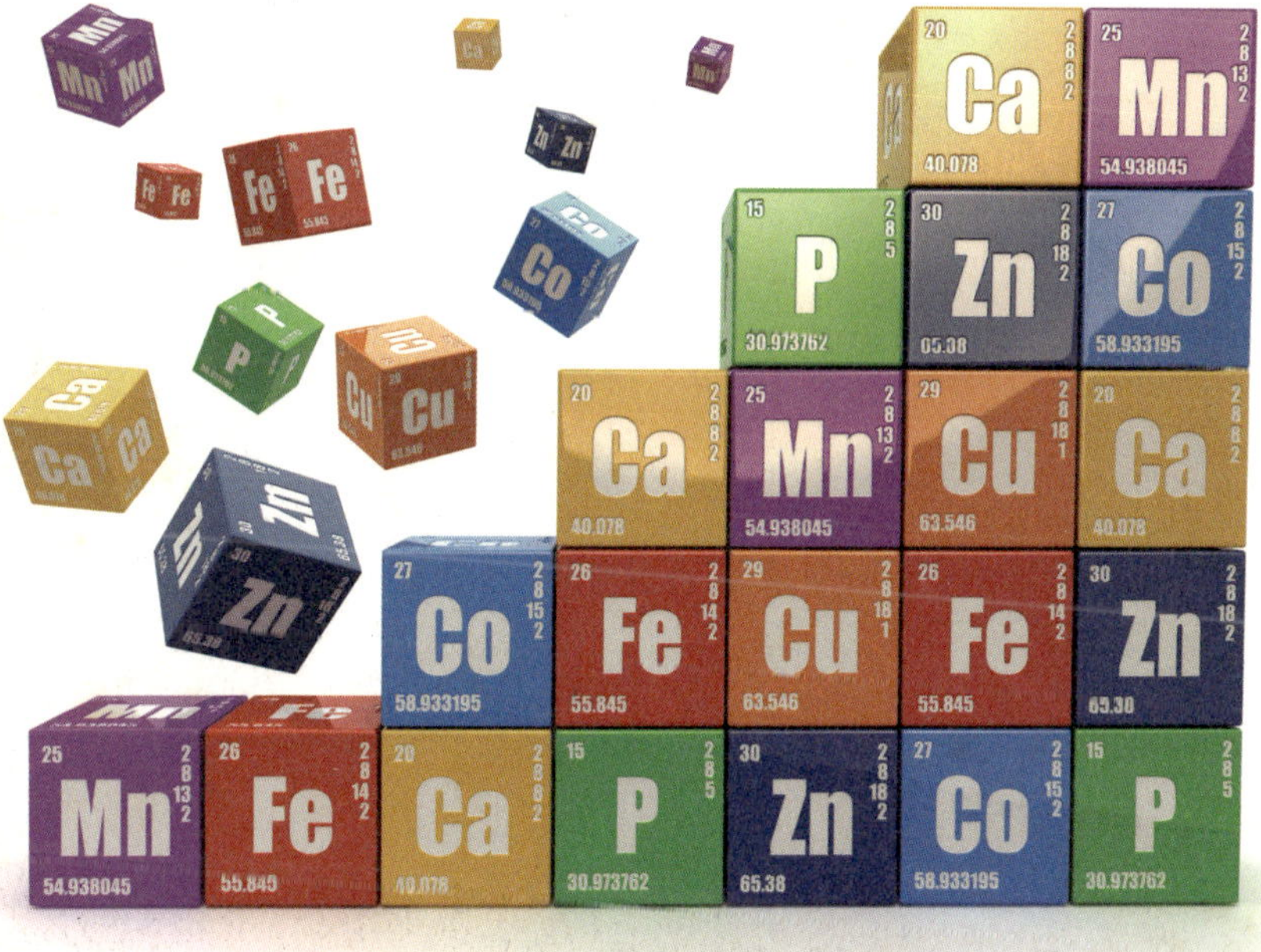

はじめに

私たち人類は、気が遠くなるほどの長い時間をかけて進化し、知性を得た。そして、いつしかさまざまな現象や物事について「なぜ？」「どうして？」という疑問を持つようになった。

「物質の根源は何なのか？」という疑問もそのひとつだ。古代世界で、こうした〝根源的な存在〟を探っていたという記録が、メソポタミアやインド、中国など、文明発祥の地でいくつも見つかっている。

古代ギリシアにおいて、「大地（地）や水からすべての物質が生まれた」とする一元論が生まれ、そこから、火、空気（気）、水、土を根源とする「四元素説」へと発展していった。そして、のちにヨーロッパでは錬金術が誕生し、錬金術師たちは究極の物質を作り出そうとさまざまな化学実験を試みた。現代科学の視点からはうさん臭く見える彼らの姿も、当時の人々の眼には〝知の探求者〟として映っただろう。

一方、東洋にも同じような思想が生まれていた。古代インドでは「万物は地・水・火・風からなる」とする「四大論」があり、古代中国では「万物は火・木・金・土・水から構成される」とする「陰陽五行説」があった。

このように、洋の東西を問わず、太古から人々が抱きつづけてきた「物質の根源」に対する疑問は、やがて科学技術の発展・発達とともに、「元素」や「原子」の存在を明らかにしていったのである。

実は、そのようにさまざまな元素の存在が明らかになっていく段階で、すべてが順風満帆に進んだわけではない。元素が持つ特性を十分に知らぬまま、それらを利用したことで、環境汚染や水質汚染を引き起こしてしまったこともある。いわゆる公害病だ。さらに、放射性物質の発見は原子爆弾や化学兵器の利用にもつながり、人類史に消すことのできない悲劇の歴史を刻んだ。

私たちは、物質の根源たる元素について正しい知識を得ることで、同じ過ちを繰り返さず、より快適で便利な世界を目指していくことができるはずだ。いや、何もそこまで大上段に構えなくてもいい。元素の知識を持っていれば、日常生活のほんの小さな事柄に役立つこともあるだろう。

本書では、私たちを取り囲む、あらゆるものの根源である「元素」に関する基本的な知識と、現在知られている元素の特性などについて解説している。本書が、より深い化学知識を得るためのきっかけになれば幸いである。

科学雑学研究倶楽部

元素の秘密がわかる本

CONTENTS

★元素名の由来は、諸説あるものに関しては主流のものを紹介しています。
★人物名や地名などは、一般的な読み方で表記しています。

※本書の情報は2015年9月5日現在のものです。

（写真クレジット）
（表紙）Albert Russ/Shutterstock.com ● Albert Russ/Shutterstock.com
vadim_nepobedim-Fotolia.com ● isak55/Shutterstock.com ● agsandrew/Shutterstock.com
（表 1）MrGarry/Shutterstock.com ● Slaven/Shutterstock.com ● Botond Horvath/Shutterstock.com
Garsya/Shutterstock.com ● Abramova Elena/Shutterstock.com ● Elisa Locci/Shutterstock.com
Georgios Kollidas/Shutterstock.com ● Tomas Jasinskis/Shutterstock.com

原子番号 — 1
元素記号 — H
元素名 — 水素

10	11	12	13	14	15	16	17	18
								2 He ヘリウム
			5 B ホウ素	6 C 炭素	7 N 窒素	8 O 酸素	9 F フッ素	10 Ne ネオン
			13 Al アルミニウム	14 Si ケイ素	15 P リン	16 S 硫黄	17 Cl 塩素	18 Ar アルゴン
28 Ni ニッケル	29 Cu 銅	30 Zn 亜鉛	31 Ga ガリウム	32 Ge ゲルマニウム	33 As ヒ素	34 Se セレン	35 Br 臭素	36 Kr クリプトン
46 Pd パラジウム	47 Ag 銀	48 Cd カドミウム	49 In インジウム	50 Sn スズ	51 Sb アンチモン	52 Te テルル	53 I ヨウ素	54 Xe キセノン
78 Pt 白金	79 Au 金	80 Hg 水銀	81 Tl タリウム	82 Pb 鉛	83 Bi ビスマス	84 Po ポロニウム	85 At アスタチン	86 Rn ラドン
110 Ds ダームスタチウム	111 Rg レントゲニウム	112 Cn コペルニシウム	113 Uut ウンウントリウム	114 Fl フレロビウム	115 Uup ウンウンペンチウム	116 Lv リバモリウム	117 Uus ウンウンセプチウム	118 Uuo ウンウンオクチウム

63 Eu ユウロピウム	64 Gd ガドリニウム	65 Tb テルビウム	66 Dy ジスプロシウム	67 Ho ホルミウム	68 Er エルビウム	69 Tm ツリウム	70 Yb イッテルビウム	71 Lu ルテチウム
95 Am アメリシウム	96 Cm キュリウム	97 Bk バークリウム	98 Cf カリホルニウム	99 Es アインスタイニウム	100 Fm フェルミウム	101 Md メンデレビウム	102 No ノーベリウム	103 Lr ローレンシウム

元素周期表

Periodic Table of Elements

族 周期	1	2	3	4	5	6	7	8	9
1	1 H 水素								
2	3 Li リチウム	4 Be ベリリウム							
3	11 Na ナトリウム	12 Mg マグネシウム							
4	19 K カリウム	20 Ca カルシウム	21 Sc スカンジウム	22 Ti チタン	23 V バナジウム	24 Cr クロム	25 Mn マンガン	26 Fe 鉄	27 Co コバルト
5	37 Rb ルビジウム	38 Sr ストロンチウム	39 Y イットリウム	40 Zr ジルコニウム	41 Nb ニオブ	42 Mo モリブデン	43 Tc テクネチウム	44 Ru ルテニウム	45 Rh ロジウム
6	55 Cs セシウム	56 Ba バリウム	57-71 ランタノイド	72 Hf ハフニウム	73 Ta タンタル	74 W タングステン	75 Re レニウム	76 Os オスミウム	77 Ir イリジウム
7	87 Fr フランシウム	88 Ra ラジウム	89-103 アクチノイド	104 Rf ラザホージウム	105 Db ドブニウム	106 Sg シーボーギウム	107 Bh ボーリウム	108 Hs ハッシウム	109 Mt マイトネリウム

ランタノイド	57 La ランタン	58 Ce セリウム	59 Pr プラセオジム	60 Nd ネオジム	61 Pm プロメチウム	62 Sm サマリウム
アクチノイド	89 Ac アクチニウム	90 Th トリウム	91 Pa プロトアクチニウム	92 U ウラン	93 Np ネプツニウム	94 Pu プルトニウム

❶原子番号
周期表の「原子番号」は、原子核を構成する陽子の数だ。たとえば、陽子が1個の水素は原子番号1であり、原子番号8の酸素には陽子が8個ある。

❷元素記号
元素はアルファベットの記号で表されている。このアルファベットを「元素記号」と呼ぶ。基本的には、ギリシア語やラテン語、英語の元素名を頭文字で示したものだ。なお、未確定な元素は元素の系統名で示される。

❸周期
縦横の行列に並んだ周期表の横の行を「周期」と呼ぶ。現在、第1周期から第7周期まで存在するが、今後、新しい元素が発見されれば第8周期が作られることになる。同じ周期にある元素は、みな同じ数の電子殻（18ページ参照）を持っている。

❹族
周期表の縦の列を「族」と呼ぶ。第1族から第18族まであり、同じ族に属する元素は、もっとも外側の電子殻（最外殻）に同じ数の電子を持ち、化学的性質が似通ったものになる。

❺アルカリ金属
水素を除く第1族の元素を「アルカリ金属」と呼ぶ。反応性が高く（化学反応しやすく）、軽い金属である。

❻アルカリ土類金属
アルカリ金属に次いで反応性の高い元素で、第2族に含まれる。ベリリウムとマグネシウムは性質がやや異なる。

❼遷移元素
第3族から第12族までを「遷移元素」と呼ぶ（「遷移金属」とも）。電気伝導性や熱伝導性、延性、展性など典型的な金属の性質を持っている。

❽ハロゲン
第17族に含まれる元素は、陰イオンになりやすい性質を持つ。ナトリウムやカリウムと結合して「塩」になるため、「塩を作る」という意味を持つギリシア語の「halogen」から名づけられた。

❾希ガス
第18族に含まれる、無色無臭で反応性の低い（化学反応しにくい）気体を「希ガス」と呼ぶ。「不活性ガス」ともいう。

❿ランタノイド
ランタンからルテチウムまでの元素を「ランタノイド」と呼ぶ。性質が似ており、分離が難しい。ランタノイドはすべてレアアース（58ページ参照）である。

⓫アクチノイド
アクチニウムからローレンシウムまでの元素を「アクチノイド」と呼ぶ。性質が似た元素で、すべて放射性元素である。

元素周期表の見方

メンデレーエフが公開し、その後多くの科学者たちの手によって改良を加えられてきた周期表は、いわば化学の海を航海するための「海図」だ。周期表を見れば、その元素がどんな性質を持っているのか、どんな元素と似ているのかが一目でわかる。周期表を読み解く力をつければ、化学の世界がもっと面白くなるだろう。

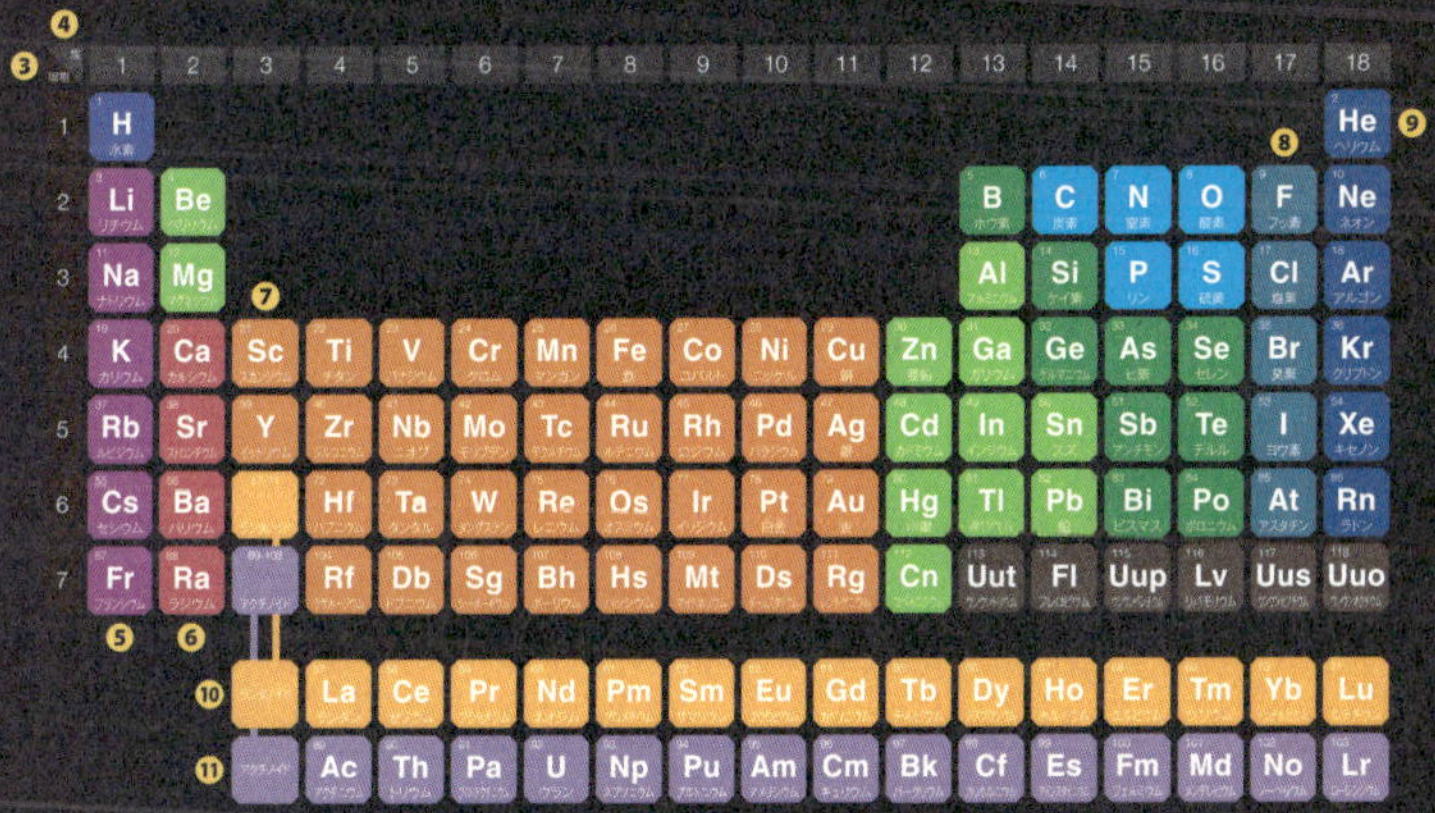

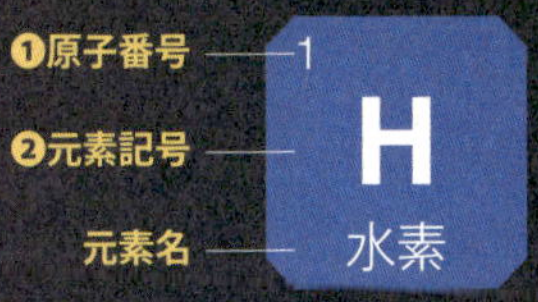

- アルカリ金属
- アルカリ土類金属
- 遷移元素
- その他の金属
- 半金属
- 非金属
- ハロゲン
- 希ガス
- ランタノイド
- アクチノイド
- 不明

主な元素の発見年表

●古代

金(Au)
銀(Ag)
銅(Cu)
水銀(Hg)
炭素(C)
スズ(Sn)
鉛(Pb)
硫黄(S)
鉄(Fe)
アンチモン(Sb)

●中世

ヒ素(As)
亜鉛(Zn)
ビスマス(Bi)
リン(P)

●年表の見方

年（元素の発見、あるいは単体で分離された年）
元素名（元素記号）／発見者名

●19世紀

1802年
タンタル（Ta）エーケベリ
1807年
アルミニウム（Al）／ナトリウム（Na）／カリウム（K）デービー
1808年
カルシウム（Ca）デービー
1817年
リチウム（Li）アルフェドソン
セレン（Se）ベルセリウス
1828年
ベリリウム（Be）ウェーラー、ビュシー
1839年
ランタン（La）モサンダー
1860年
セシウム（Cs）ブンゼン、キルヒホッフ
1868年
ヘリウム（He）ロッキャー
1886年
フッ素（F）モアッサン
1894年
アルゴン（Ar）レイリー、ラムゼー
1898年
ネオン（Ne）／クリプトン（Kr）／キセノン（Xe）ラムゼー、トラヴァース
ラジウム（Ra）／ポロニウム（Po）キュリー夫妻

●18世紀

1735年
コバルト（Co）ブラント
1751年
ニッケル（Ni）クローンステット
1755年
マグネシウム（Mg）ブラック
1766年
水素（H）キャベンディッシュ
1772年
窒素（N）ラザフォード
酸素（O）シェーレ
1774年
塩素（Cl）シェーレ
マンガン（Mn）シェーレ
1778年
モリブデン（Mo）シェーレ
1789年
ジルコニウム（Zr）クラプロート
1781年
タングステン（W）シェーレ
1789年
ジルコニウム（Zr）クラプロート
1791年
チタン（Ti）グレゴール
1794年
イットリウム（Y）ガドリン

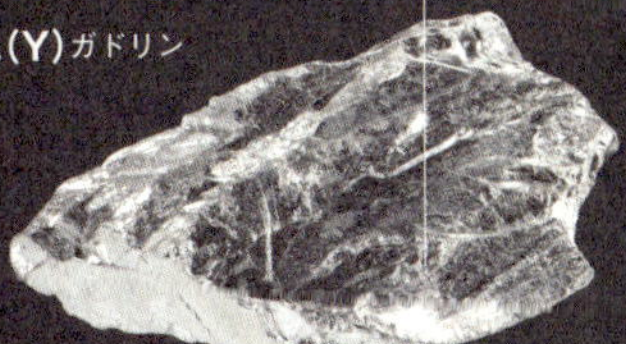

●20世紀

1900年

ラドン(Rn) ドルン

1918年

プロトアクチニウム(Pa) ハーン、マイトナー

1923年

ハフニウム(Hf) コスター、ヘヴェシー

1925年

レニウム(Re) ノダック、タッケ、ベルク

1937年

テクネチウム(Tc) セグレ、ペリエ

1939年

フランシウム(Fr) ペレー

1940年

ネプツニウム(Np) マクミラン、アベルソン

プルトニウム(Pr) シーボーグ他

アスタチン(At) セグレ他

1944年

キュリウム(Cm) シーボーグ他

1945年

アメリシウム(Am) シーボーグ他

1947年

プロメチウム(Pm) マリンスキー他

1949年

バークリウム(Bk) シーボーグ他

1950年

カリホルニウム(Cf) シーボーグ他

1952年

アインスタイニウム(Es) シーボーグ他

フェルミウム(Fm) シーボーグ他

1955年

メンデレビウム(Md) ギオルソ他

1958年

ノーベリウム(No) シーボーグ他

1961年

ローレンシウム(Lr) ギオルソ他

1964年

ラザホージウム(Rf) ギオルソ他

1970年

ドブニウム(Db) ギオルソ他

1974年

シーボーギウム(Sg) ギオルソ他

1981年

ボーリウム(Bh) アルムブルスター他

1982年

マイトネリウム(Mt) アルムブルスター他

1984年

ハッシウム(Hs) アルムブルスター他

1994年

ダームスタチウム(Ds) アルムブルスター他

レントゲニウム(Rg) アルムブルスター他

1996年

コペルニシウム(Cn) アルムブルスター他

1998年

フレロビウム(Fl) オガネシアン他

2000年

リバモリウム(Lv) オガネシアン他

第1部
元素の基礎を学ぶ

Part 1

知っている
ようで
知らない
元素の世界

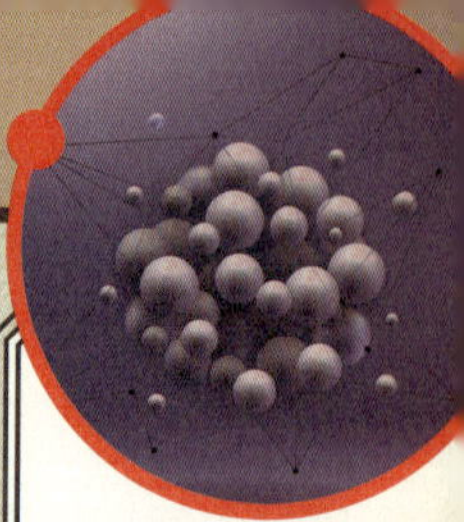

あらゆるものを構成する要素

「元素」とは何か？

すべての物質は元素からできている

そもそも「元素」とはなんなのだろう。元素とは「物質を形作るもの」であり、別のいい方をすれば「すべての物質は元素、あるいは元素の組み合わせから成り立っている」といえる。私たちの身の回りにある鉄や金、銀などは、それ自体が元素である。また、生物が生きていくために不可欠な水を分解すると、酸素と水素というふたつの元素からできていることがわかる。

このように、この宇宙に存在するすべての物質を細かくして見ていくと、それぞれが異なる性質を持った根源的な元素に分けられるのだ。

一方、元素に似た言葉に「原子」がある。原子とは物質を構成する単位であり、物理的な実体を持っている。

たとえば、水を細分化していくと、水の「分子」と呼ばれる小さな粒（粒子）の集まりであることがわかる。さらに細かく見ると、水の分子ひとつは、水素原子2個と酸素原子1個が結合して作られている。このようにして物質を細分化していくと、すべての物質がいくつかの原子から構成されていることがわかる。

元素と原子の違いとは？

元素も原子も「物質を構成する単位」という点では同じだが、その言葉の持つ意味は異なっている。元素は「性質や特性を表す抽象的な概

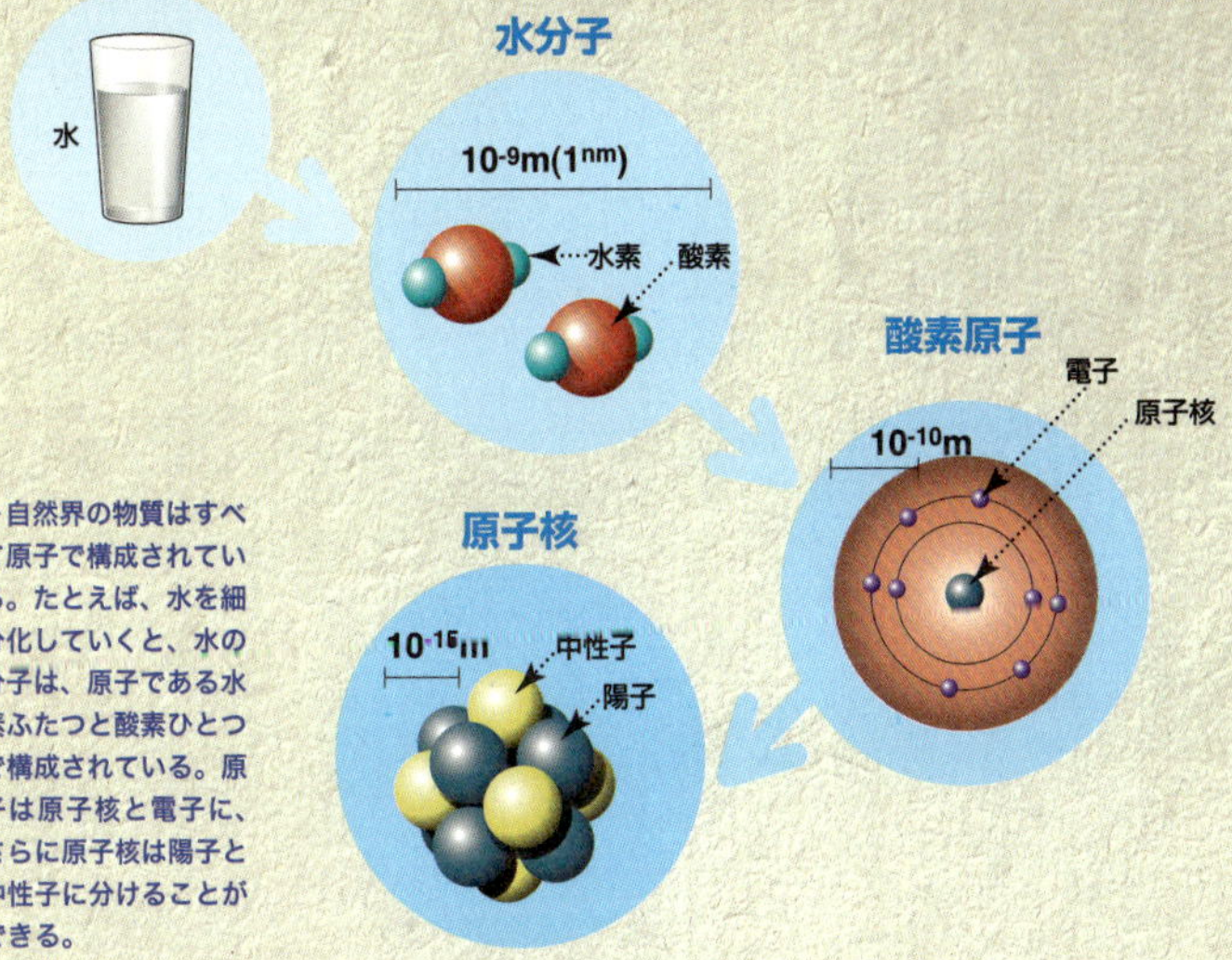

▶自然界の物質はすべて原子で構成されている。たとえば、水を細分化していくと、水の分子は、原子である水素ふたつと酸素ひとつで構成されている。原子は原子核と電子に、さらに原子核は陽子と中性子に分けることができる。

念」であり、原子は「物質を構成する具体的な要素」であるということができる。より簡単にいえば、元素は「性質」を表し、原子は「構造」を示すものなのだ。

実は原子を細かく見ると、正の電荷を帯びた「原子核」と負の電荷を帯びた「電子」からなっている。この原子核は、正の電荷を帯びた「陽《よう》子《し》」と無電荷の「中性子」から構成されている。

そして、たとえば原子には中性子の数が異なる「同位体」（48ページ参照）が存在し、それぞれ別々の名称で呼ばれている。水素は同位体が多く存在し、中性子を持たない普通の水素（軽水素）、中性子がひとつ多い重水素、ふたつ多い三重水素などの同位体があるが、そのどれもが水素という元素として分類される。また、具体的な存在である原子は、「水素原子がひとつ、ふたつ」というように数えることができるが、元素はそのように数えることはないのである。

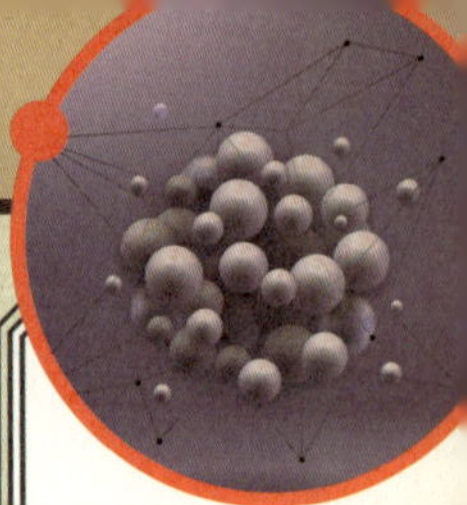

電子、陽子、中性子が原子の特徴を決める

原子はどのような構造をしているのか？

原子を構成する3つの要素

元素を理解するためには、原子の構造についても知っておく必要があるだろう。

原子は、直径がおよそ0・1ナノメートル（1億分の1センチメートル）という非常に小さな粒子である。原子の中心には、大きさが原子の10万分の1しかない「原子核」があり、その周囲を負（マイナス）の電荷を帯びた「電子」が回っている。

原子核は、正（プラス）の電荷を帯びた「陽子」と、電気的に中性な「中性子」から構成されている（ただし、水素とリチウムは中性子を持たない）。陽子と電子の数は同じなので、原子は電気的に中性となる。

原子は、その原子が持つ陽子の数によって特徴が決定され、分類されている。そのために、陽子の数は「原子番号」として使われる。また、陽子と中性子の個数を合計した数は、「（原子の）質量数」と呼ばれる。電子の質量を1とすると、陽子の質量は1836、中性子の質量は1839となっており、原子の質量を計算する際には電子をほぼ無視することができる。たとえば、陽子を6個、中性子を6個持つ炭素は、原子番号が6で、質量数は12となるわけだ。

原子核を中心に回る電子

原子核を中心にして、その周囲を回る電子の軌道は、いくつかが集まって「電子殻」と呼ば

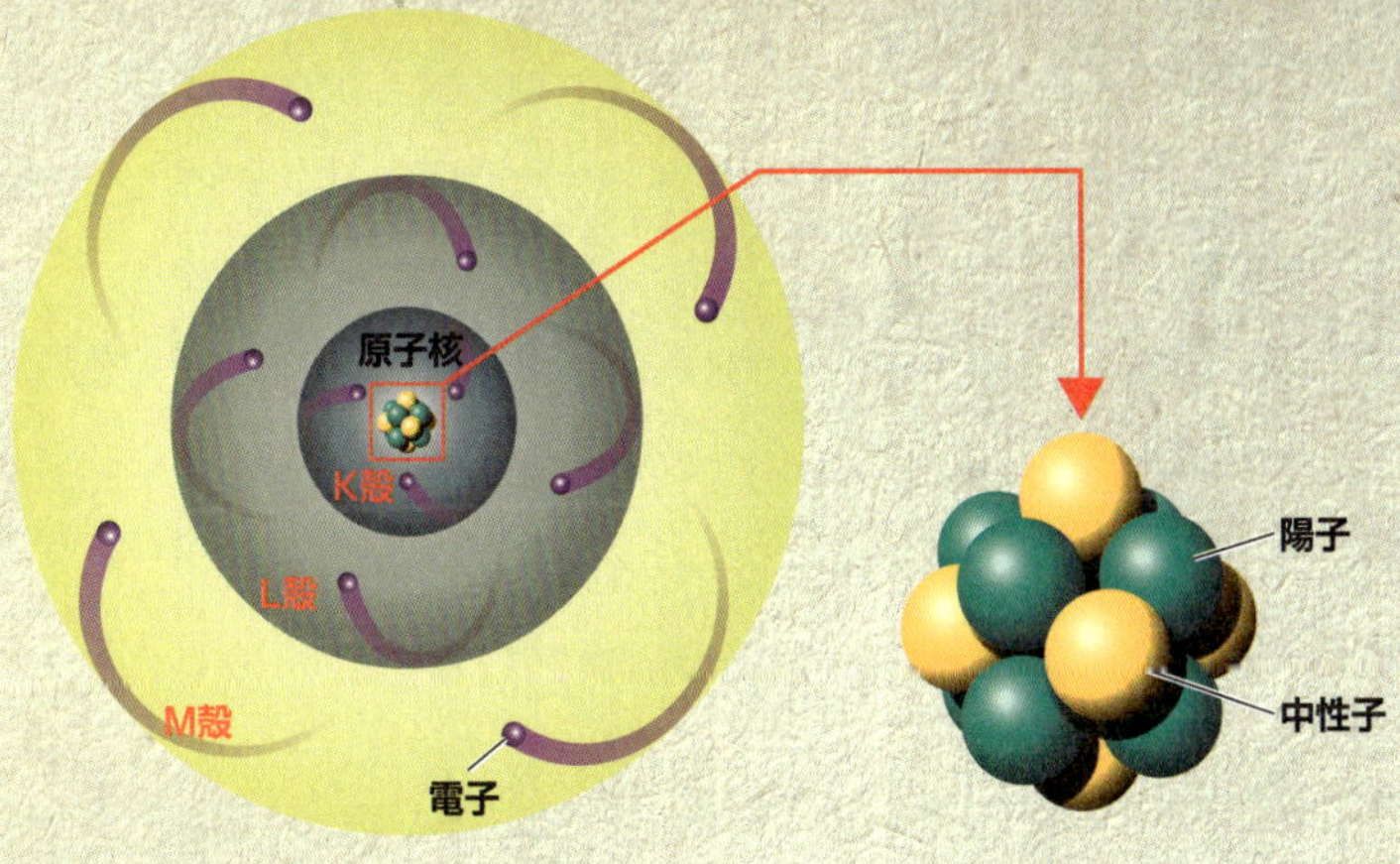

▲原子の構造イメージ。原子は、陽子と中性子からなる原子核と、その周囲を回る電子によってできている。電子が回る軌道は決まっており、その軌道のことを電子殻という。電子殻は内側から順番に、アルファベットのKから始まる名前がつけられている。

れる球面構造を成している。

電子殻は、原子核に近いものから「K殻」「L殻」「M殻」……というように、Kから始まるアルファベットがつけられており、それぞれの電子殻の中には、一定の電子しか入ることができない。たとえば、K殻には2個、L殻には8個、M殻には18個まで、となっている。

化学の授業などでは、それぞれの殻表面を円として表し、その上に電子が配置された原子の模式図が用いられる。しかし、こうした模式図（原子の惑星モデル）は、原子の持つ特徴を簡単に捉えるための図であり、近年では量子力学※の考えが導入された原子モデルが作られている。

量子力学的原子モデルでは、電子は原子核のまわりに確率的に分布しており、電子が雲のような存在（「電子雲」）として考えられる。つまり、原子は「原子核を電子雲が包み込んだ球のようなもの」とされている。

※量子力学：原子や素粒子レベルの微視的な世界の物理現象を扱う理論体系。

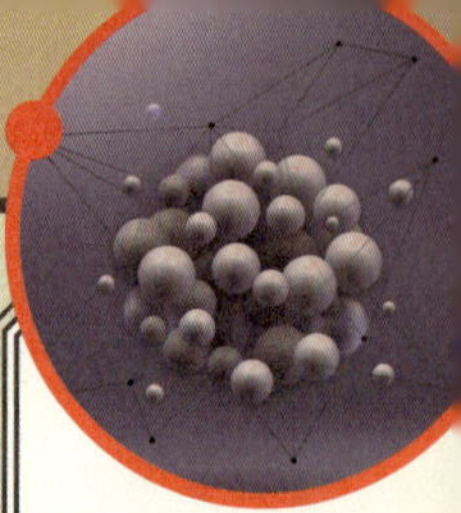

宇宙の始まりから見る元素の誕生

元素はどのようにできたのか?

元素はいつ生まれた?

私たちの住む宇宙は、今から約137億年前に誕生したと考えられている。そこで、「宇宙はどのように誕生したのか」という疑問が生じるが、宇宙誕生を解明する理論として、現在は「インフレーション理論」が主流となっている。

インフレーション理論では、宇宙が誕生する前は空間も時間も存在しない「無」の状態であり、そこに発生した真空エネルギーによって最初の宇宙が誕生したと考えられている。最初の宇宙は10のマイナス34乗センチメートルという極小の世界で、それが誕生後、10のマイナス36乗秒から10のマイナス34乗秒後の間に、10の100乗倍に一気に膨張する。これが宇宙の「インフレーション」だ。

インフレーションを起こした宇宙は、直後に「ビッグバン」(大爆発)を起こす。ビッグバン直後の宇宙は、100兆℃から1000兆℃という高温状態で、物質は「素粒子※」の形でしか存在できない。宇宙誕生から1万分の1秒後になると、温度は1兆℃まで下がり、素粒子は結びついて陽子や中性子になる。

宇宙誕生から3分後、温度が10億℃ほどになると、陽子と中性子が結びついて原子核が生まれる。そして、宇宙誕生後38万年ほど経過し、宇宙の温度が3000℃まで下がったころに、水素やヘリウムといった比較的軽い原子が誕生

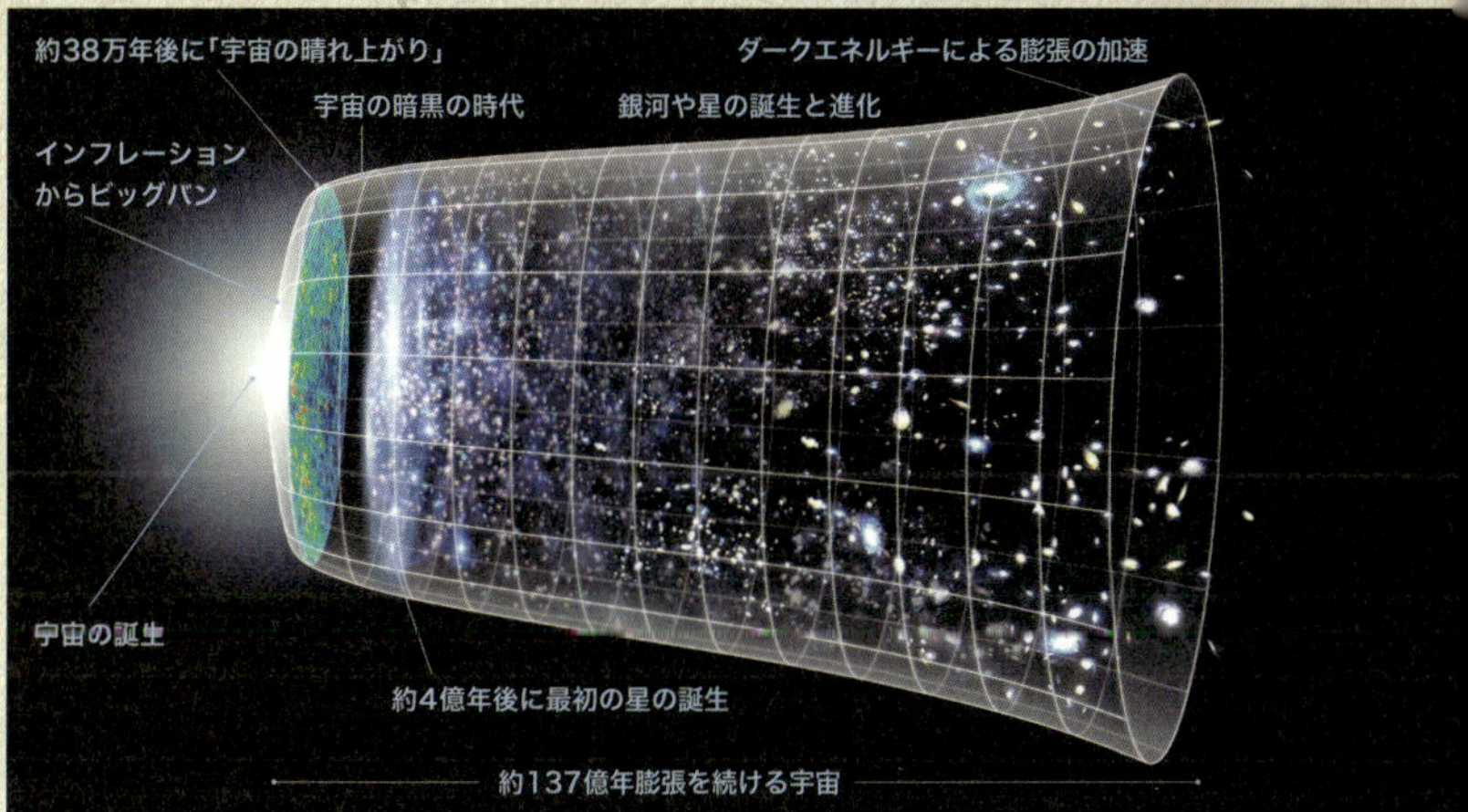

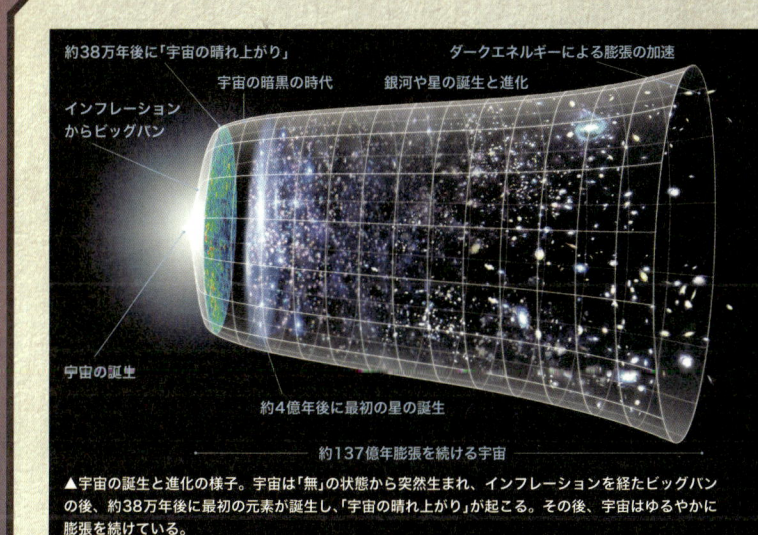

▲宇宙の誕生と進化の様子。宇宙は「無」の状態から突然生まれ、インフレーションを経たビッグバンの後、約38万年後に最初の元素が誕生し、「宇宙の晴れ上がり」が起こる。その後、宇宙はゆるやかに膨張を続けている。

する。つまり、元素ができたのは、宇宙が誕生してから約38万年後ということになる。

ちなみに、それまで電子に邪魔をされて散乱していた「光子《こうし》」（光）は、原子核が電子を捕らえたことにより、電子に邪魔をされずに直進できるようになったため、宇宙が透明になった。これを「宇宙の晴れ上がり」と呼ぶ。

核融合反応で生まれた新たな元素

水素とヘリウムよりもさらに重い原子が生まれるのは、宇宙誕生から約4億年が経過したころのことである。原子のガスが集まってできた恒星の中で「核融合反応」（36ページ参照）が起こり、軽い原子から徐々に重い原子が作られるようになった。こうして鉄までの元素が生み出されたのである。ただし、鉄よりも重い元素がどのようにして生み出されていったのかは、はっきりとはわかっていない。

※素粒子：物質を構成する最小の粒子。陽子や中性子は素粒子のひとつであるクォークで構成されている。

物質観の変遷を見る①

古代における元素の考え方とは?

「万物の根源」とは何か?

私たちのまわりにある物質は、いったい何からできているのだろう?

古代から人類は「ものの根源とは何か?」という謎に挑みつづけてきた。古代ギリシアでは、紀元前6世紀に哲学者のタレスが「万物の源は水である」という仮説を唱えた。彼は、水が姿形を変えて、土や石、植物や動物になると考えたのだ。現代においては明らかに間違った考えだが、それまでの「物質は神が作り賜いしもの」という考え方から、科学的な考察に一歩踏み出した功績は大きいといえる。

その後、同じく古代ギリシアの哲学者アナクシメネスの「空気が物質の根源である」という仮説や、ヘラクレイトスの「火が万物の源であり、万物は流転する」という仮説が生まれた。

そして、アリストテレスが唱えた「四元素説」が登場する。四元素説とは、エンペドクレスによる「火」「空気(気)」「土」「水」の4つが物質の素、すなわち「元素」であるとい

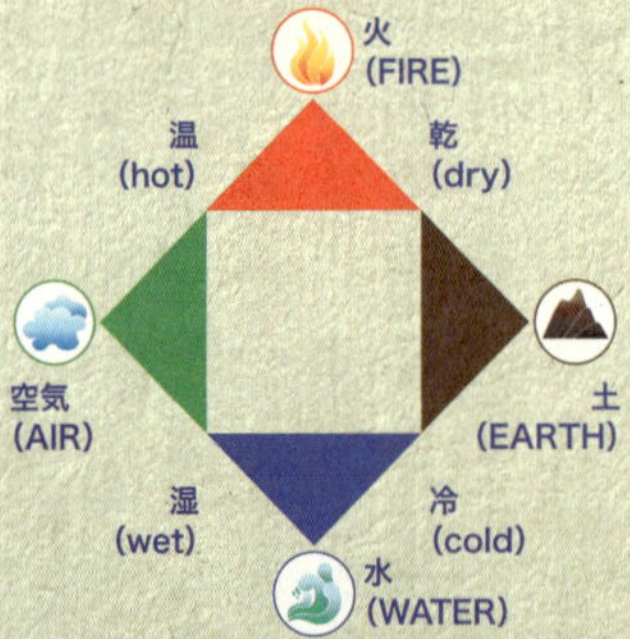

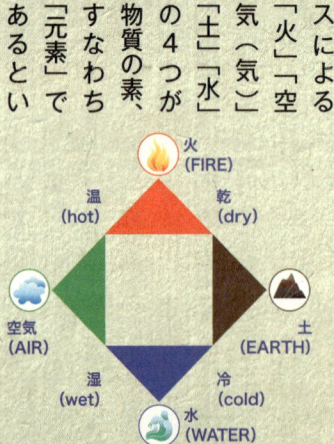

▲アリストテレスの四元素説の模式図。元素の性質(温・冷・乾・湿)を変えれば元素が変換するという四元素説の考えが、錬金術の理論的な根拠となった。

う考え方に、アリストテレスが改良を加えた説だ。アリストテレスは、もっとも根源的な存在である「第一資料（プリマ・マテリア）」に、相反する「温・冷」「乾・湿」の性質が加わることで「火」「空気」「土」「水」が生まれるとした。

このアリストテレスの四元素説は、紀元前350年ごろに提唱されてから17世紀まで、なんとおよそ1700年もの間、正しい考え方とされてきたのである。

古代中国における物質観

ヨーロッパ（古代ギリシア）で四元素説が広まるよりも前から、古代中国では「五行思想」が人々に信じられていた。五行思想とは「陰陽五行説」とも呼ばれる考え方で、あらゆるものが「火」「水」「木」「金」「土」という5つの属性を持つとするものだ。

四元素説の「物質は何で構成されているか？」という考え方に対して、五行思想は物質のみならず、季節や方位、色、数字、感覚など、あらゆるものを五行に当てはめる、いわば分類学に近いものといえるだろう。その考えは生活に深く根ざしており、現代でも信じられている。

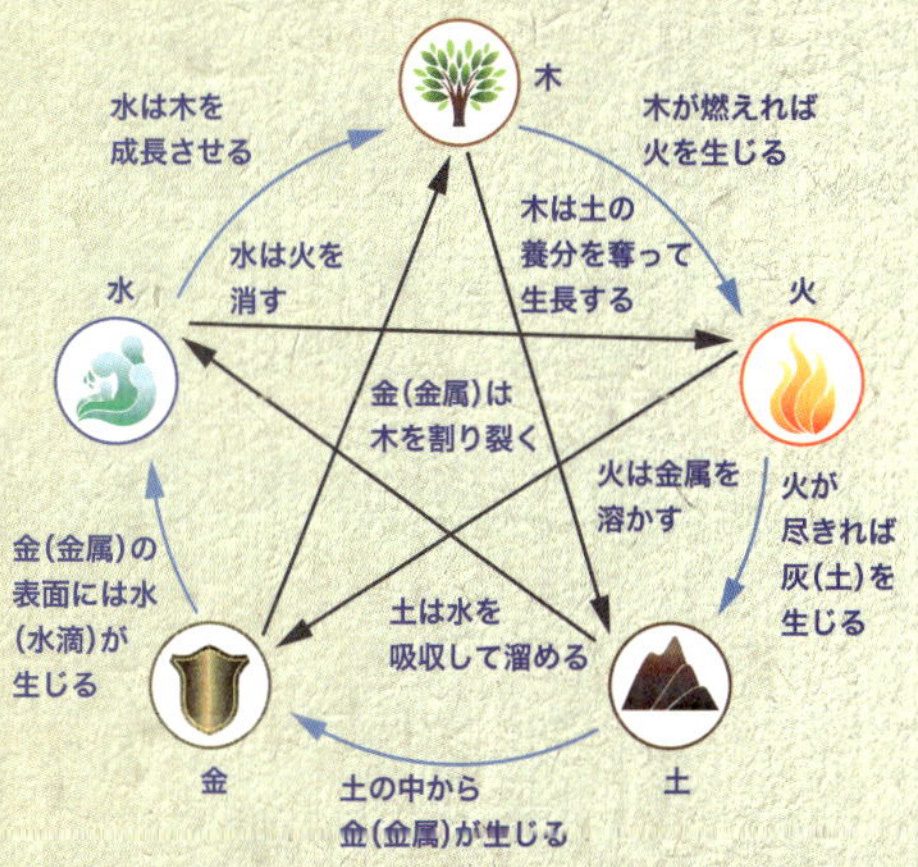
木
火
土
金
水
木が燃えれば火を生じる
火が尽きれば灰(土)を生じる
土の中から金(金属)が生じる
金(金属)の表面には水(水滴)が生じる
水は木を成長させる
木は土の養分を奪って生長する
土は水を吸収して溜める
水は火を消す
火は金属を溶かす
金(金属)は木を割り裂く

▲中国の五行思想の模式図。図の内側の線で表されている相対関係は、各元素がそれぞれ次の元素に打ち勝つという「五行相克説」を、図の外側の線で表されている相対関係は、各元素が順々に次の元素を生み出すという「五行相生説」を示している。

物質観の変遷を見る②

四元素説の否定から発展した近代化学

四元素説を覆したラヴォアジエの実験

17世紀の半ば、イギリスの化学者ロバート・ボイルは、これまで長い間支持されてきた四元素説を、思考のみから導き出されたものとして批判し、実験によって元素＝「それ以上単純な物質に分けられない（不可分な）粒子」を探求するべきだという考えを示した。

そして、実際にさまざまな実験を行い、四元素説を実験結果によって覆したのは、フランスの化学者アントワーヌ・ラヴォアジエだ。18世紀当時、水を沸騰させると沈殿物が生じることから、水が土に変化したと考えられ、それが四元素説の証拠のひとつとされていた。

しかし、ラヴォアジエは精密に重さを計測した水を沸騰させ、さらに蒸発した水の量も精密に量る実験を行って、実験前後で水の重さが変わらないことを示し、沈殿物が水から変化したものではないことを証明した。その結果によって四元素説は否定され、元素とは「それ以上単純な物質に分けられない粒子」と定義されることになったのである。

▲アントワーヌ・ラヴォアジエ。「化学反応の前後で、物質の質量は変化しない」という「質量保存の法則」を導き出した。

「原子」の礎を作ったドルトン

一方、現代的な「原子」の考え方を確立したのは、イギリスの化学者ジョン・ドルトンだ。彼は元素同士の化合に関する実験を行い、水素と酸素が必ず1対8の質量比で結合することを発見した。このことから彼は、水素は質量1の水素原子、酸素は質量8の酸素原子でできており、水素原子1個と酸素原子1個が結合して水になる、と考えた。また、ドルトンは20種類程度の元素の原子量を調べ、それぞれに記号をつけて記述している。

現代では、水は水素原子2個と酸素原子1個（質量比は1対16）で構成されていることなど、ドルトンの考えた原子量の多くが誤りであったことがわかっているが、「原子の結合によって物質が構成される」というその考え方自体は間違っていなかった。

このように、長年信じられてきた四元素説に疑問を抱いた化学者たちによって、化学は体系化され、現代科学へと発展していったのだ。

▼原子説を唱えたジョン・ドルトンと、彼が発表した『化学哲学の新体系』（1808年）に掲載された原子や分子の記述。

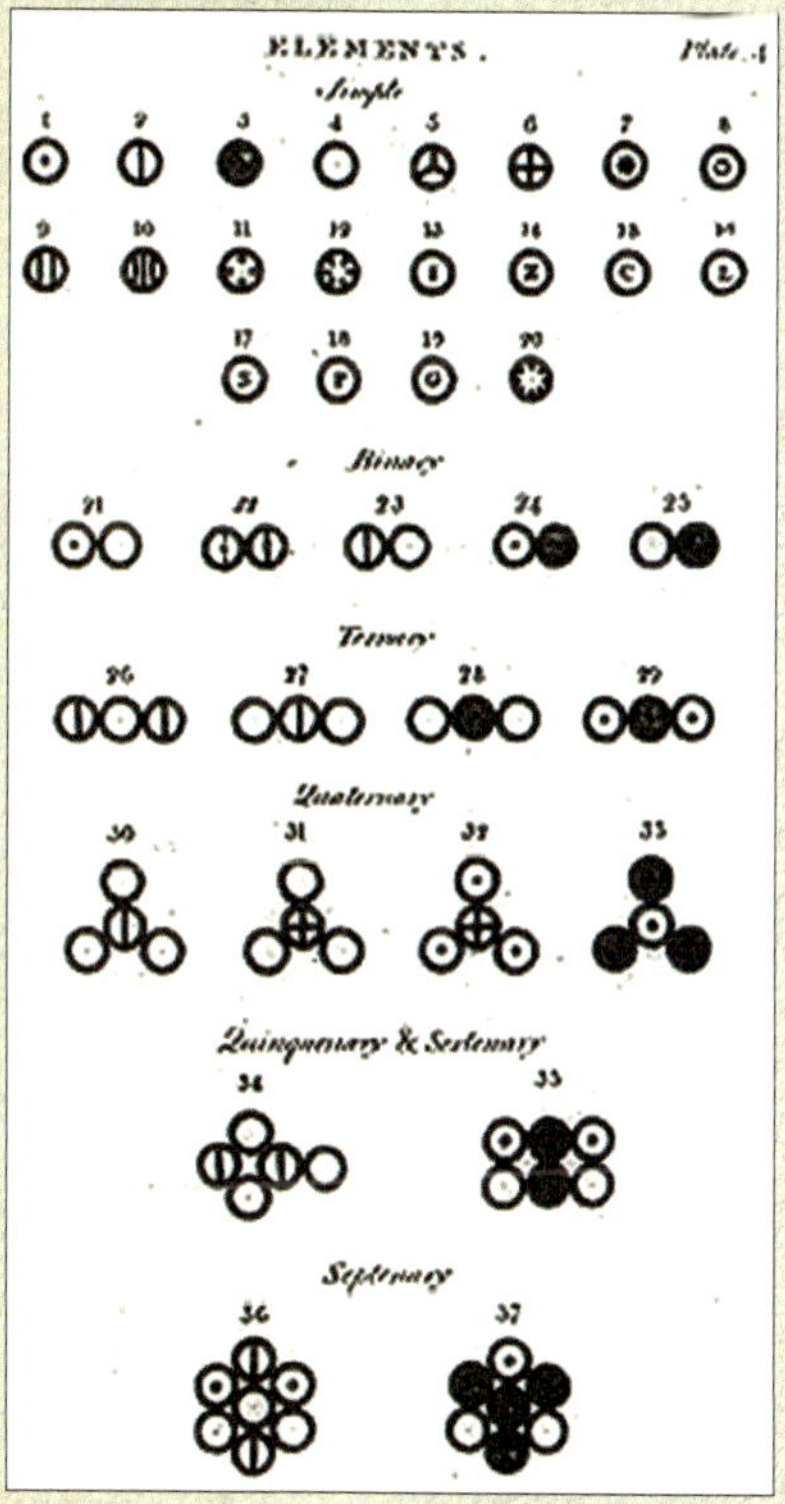

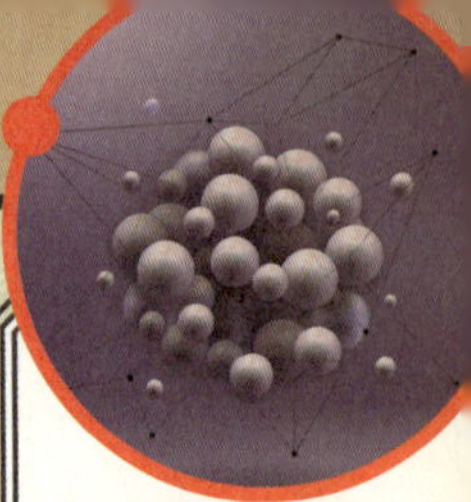

実験によって増える新元素

元素は天然のものだけではない？

人間の手で生み出された元素

2015年7月現在までに、118種類の元素が確認されているが、そのうち天然に存在するものは約90種類で、残りは人工的に合成されたものである。元素の性質は、陽子の数（原子番号に等しい）で決まるため、何らかの方法によって原子核の構造を変えれば、別の元素を作り出すことができる。世界で初めて原子核を壊すことに成功したのは、イギリスの物理学者アーネスト・ラザフォードだ。

1917年、ラザフォードは原子核の構造と性質を調べるため、窒素の原子核にアルファ線を照射する実験を行った。のちに、実験によって窒素の原子核から飛び出した陽子が、アルファ粒子と結合して酸素を生み出していたことがわかった。このラザフォードの実験以降、原子核に粒子をぶつけて反応を調べる実験が行われるようになったのである。

新元素発見で活躍する粒子加速器

原子核を壊すためには、大きな運動エネルギーが必要になる。そのために利用される装置が「粒子加速器」だ。たとえば、負の電荷を持った粒子をふたつの電極に挟まれた電場に入れると、粒子は正の電荷を持った電極に引き寄せられる。これを繰り返すことで、粒子はエネルギーを得て加速していく。

▲スイス・ジュネーブ郊外の地下約100メートルに建設された世界最大の大型ハドロン衝突型加速器(LHC)。1周約27キロメートルの巨大な円形の粒子加速器で、加速した陽子同士を衝突させ、その際に発生するエネルギーで新しい粒子を誕生させる実験が行われている。

粒子加速器には、粒子を一直線に加速する「線形加速器」（リニアック、あるいはライナックと呼ばれる）や円形の軌道を進ませながら粒子を加速する「円形加速器」などがある。

粒子加速器が登場した1930年代以降、欧米各国を中心にウランへの中性子照射実験が盛んに行われるようになり、1940年にはアメリカ・カリフォルニア大学のエドウィン・マクミランとフィリップ・アベルソンが、93番目となる新元素、ネプツニウムの合成に成功した。

翌1941年には、同じくカリフォルニア大学のグレン・シーボーグらがプルトニウムの合成に成功している。なお、ネプツニウムをはじめとして、ウランよりも原子番号の大きい元素は「超ウラン元素」と呼ばれる。

ある研究によれば、元素は理論上173番まで存在すると見られており、今後も新たな元素発見の実験が続けられていく可能性がある。

人体は元素の集合体

人間はどんな元素でできているのか?

人体の元素組成は海水に似ている?

すべての物質は元素から成り立っている。私たち人間の体ももちろん元素でできており、人間が生きていくためにも元素は不可欠だ。

人体の98・5パーセントは、酸素、炭素、水素、窒素、カルシウム、リンで占められている。さらに硫黄、カリウム、ナトリウム、塩素、マグネシウムを加えた11種類の元素が、人体の99パーセント以上を占めており、これらをまとめて「必須常量元素」と呼ぶ。

人体の元素の構成比率は、海水の元素構成比率に似ているといわれる。海水には窒素やリンが少なく、一方でナトリウムやマグネシウムが多く含まれるという違いはあるものの、全体的に見ればよく似ているのだ。これは、人間(のみならず生物全体)が海中から進化したことを裏づけるものとされている。

必須常量元素以外の微量な元素としては、鉄、フッ素、亜鉛、銅などの「微量元素」と、アルミニウム、水銀、ヨウ素、クロム、モリブデンなどの「超微量元素」がある。

微量元素と超微量元素は、人間の代謝機能や生理機能を正常に働かせるために必要な元素で、その一部でも欠乏したり、過剰に摂取したりすると、さまざまな機能不全や機能障害を引き起こすことになる。健康に生きていくためには、バランスよく摂取することが大切だ。

人体を構成する主な元素

●甲状腺：ヨウ素など

甲状腺は新陳代謝を促す甲状腺ホルモンを分泌する器官で、ヨウ素が不足すると、甲状腺の機能の低下を招く。

●舌（味覚）：亜鉛など

味は舌の表面の「味蕾（みらい）」という器官で感じる。味蕾の細胞の生成には亜鉛が必要で、亜鉛が不足すると味覚障害を引き起こす。また、亜鉛不足は嗅覚障害にも影響すると考えられる。

●心臓：カリウムなど

カリウムは心臓機能や筋肉機能を調整する働きがあり、カリウムの過不足は、不整脈や心臓機能の低下につながる。

●骨：カルシウム、マグネシウムなど

カルシウムは骨を形成するほか、さまざまな細胞形成にも使われる。また、マグネシウムはカルシウムの吸収をサポートする役割を持つ。これらが不足すると、骨の形成に影響が出て、骨粗鬆症などにつながる。

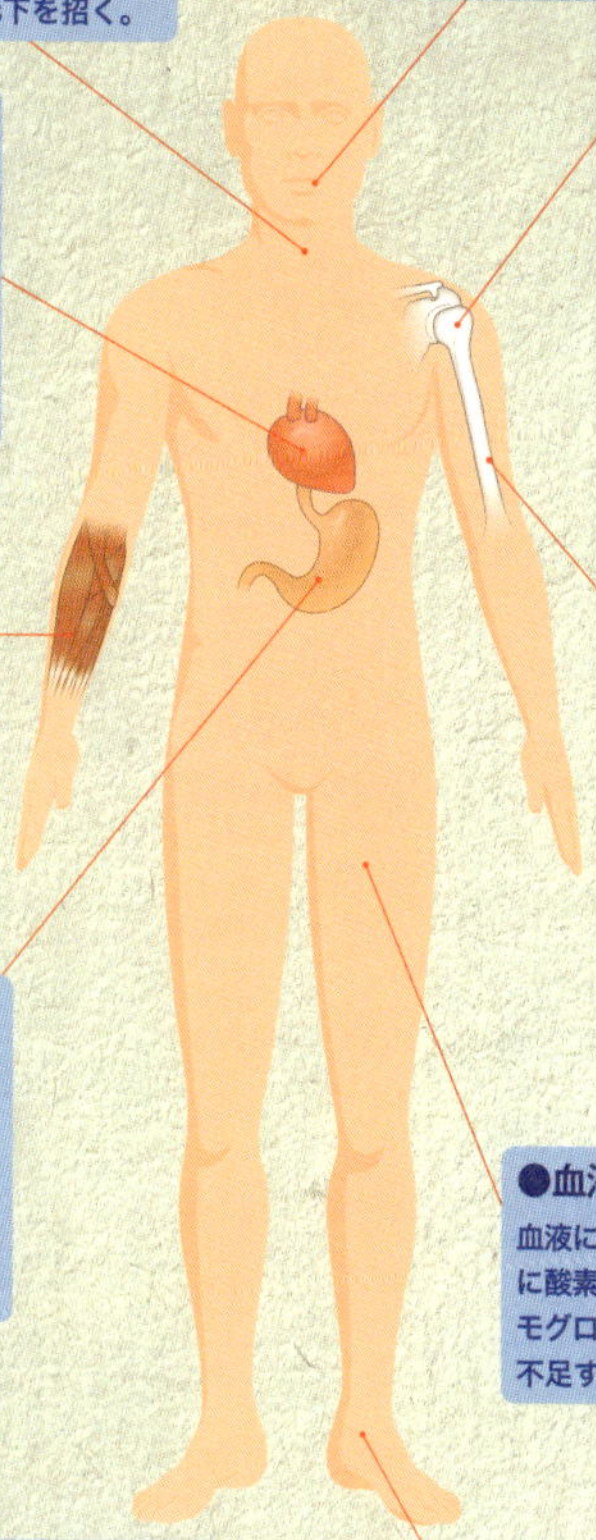

●骨髄：鉄、銅など

骨髄は血液を作り出す器官で、鉄や銅が不足すると、貧血や骨・動脈の異常を招く。

●胃：塩素など

胃から分泌される胃液には塩素が含まれている。塩素は胃の中を殺菌し、消化を促進する働きを持ち、不足すると食欲不振や消化不良を起こす。

●血液（ヘモグロビン）：鉄など

血液に含まれるヘモグロビンは、体内に酸素を運搬する役割を持つ。鉄はヘモグロビンの重要な構成成分で、鉄が不足すると鉄欠乏性貧血になる。

●筋肉（ATP）：水素、酸素、炭素、窒素、リンなど

ATPとは「アデノシン三リン酸」のことで、筋肉を動かすときのエネルギーとなる。酸素やリンなどが分解する際に発するエネルギーがその源となり、これらの元素が不足すると、身体機能の低下を招く。

●関節（尿酸）：モリブデンなど

モリブデンは人体に有害な物質を分解し、体外に排出する働きをしており、その一環として細胞の老廃物の一種である尿酸を生成する。尿酸が過剰に生成されると、関節に蓄積し、痛風の要因となる。

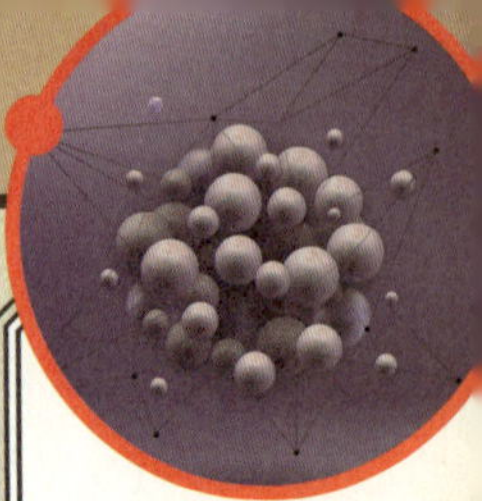

性質の異なる物質に変化する現象

日常で見られる化学反応とは？

化学反応は身近な現象

「化学反応」とは、原子と原子の結びつきが切れたり、反対に結びついたりすることで、異なる物質を生み出す現象を指す。「化学変化」とも呼ばれる。また、化学反応によって作り出された物質を「(化学反応による)生成物」という。

　化学反応という言葉自体は化学以外の世界でも使われているため、聞き慣れた言葉かもしれない。同じように、本来の意味としての化学変化も、意外に身近な現象なのだ。

　たとえば、水素分子と酸素分子が混ざった状態でエネルギーを加えると、爆発的な反応を起こして水ができる。水は単独の水素や酸素とは異なる性質を持つ生成物なので、これは化学反応といえる。

　こうした化学変化は、「化学式」（あるいは「化学反応式」）によって表記される。水素（H）と酸素（O）から水（H_2O）ができる化学反応は、

$$H_2 + O_2 \rightarrow 2H_2O$$

となる。この化学式は、水素分子と酸素分子が化学反応を起こし、ふたつの水分子ができたことを示している。

　なお、水蒸気（気体）が冷えて水（液体）や氷（固体）になる現象は、水分子の結合状態が変化するだけで、水分子そのものの性質は変化していないので、化学反応とは呼ばない。これは、ある物質の状態（相）が変わる「相転移」

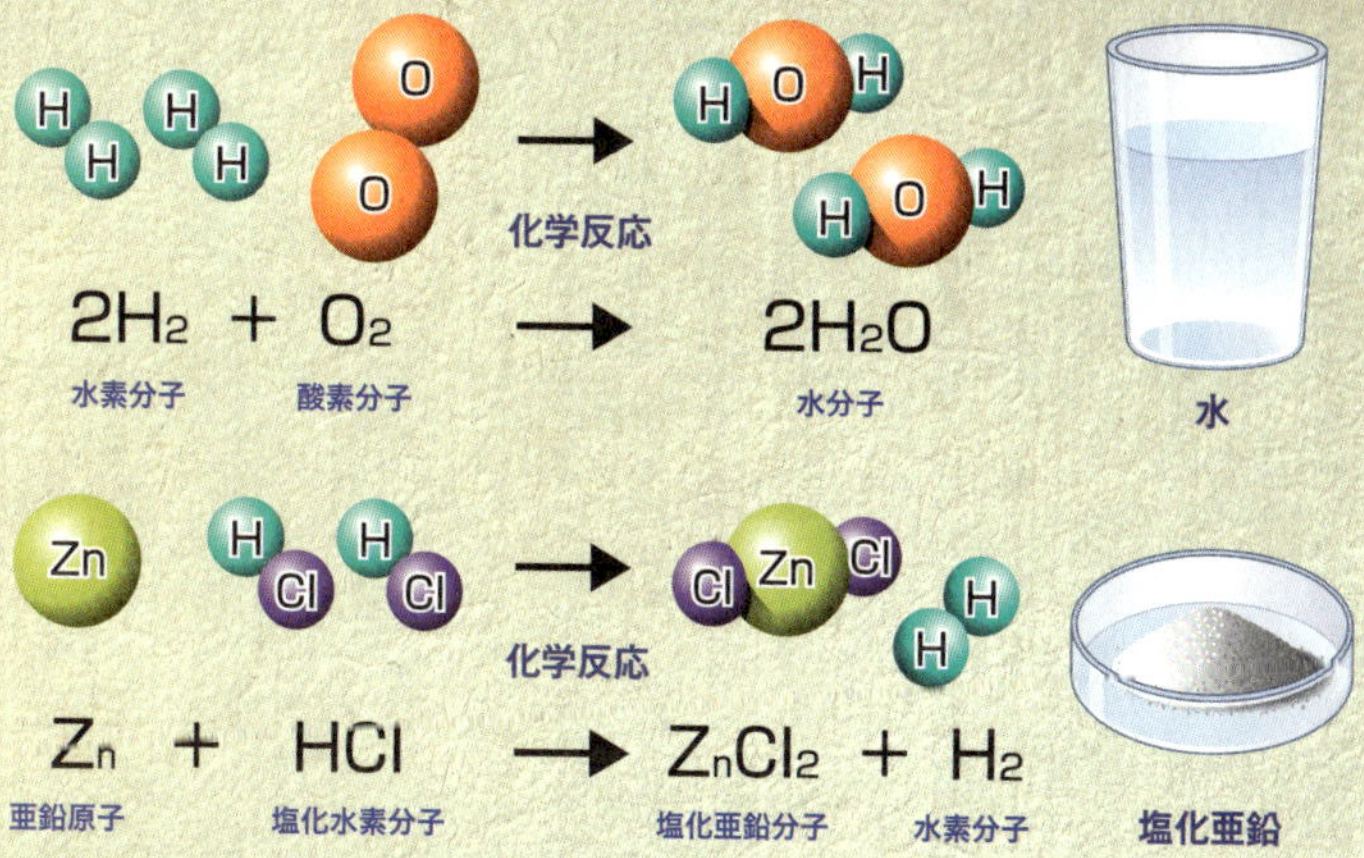

▲原子と原子の結びつきの変化によって、性質の異なる物質に変化することを「化学反応」と呼ぶ。図は水素分子と酸素分子、亜鉛原子と塩化水素分子がそれぞれ化学反応を起こし、水と塩化亜鉛に変化する様子を表している。

という現象だ。

私たちの呼吸も化学反応のひとつ？

そのほかにも、さまざまな現象の中に化学反応を見ることができる。たとえば、ものが燃える（燃焼）、金属が錆びる、ものが腐敗する、あるいは発酵するといった現象も化学反応なのだ。

また、人間の呼吸も化学反応のひとつである。私たちは無意識のうちに、息を吸ったり、吐いたりしているが、体内では次のような変化が起こっている。

まず、息を吸って体内に取り込まれた空気中の酸素が、肺から血管へ入り、血中のヘモグロビンと結合して体中の細胞に運ばれる。細胞内に入った酸素は、ブドウ糖などを燃やしてエネルギーを生み出す。そして、燃えた後に残った二酸化炭素が、呼吸によって体外へと排出されるのだ。

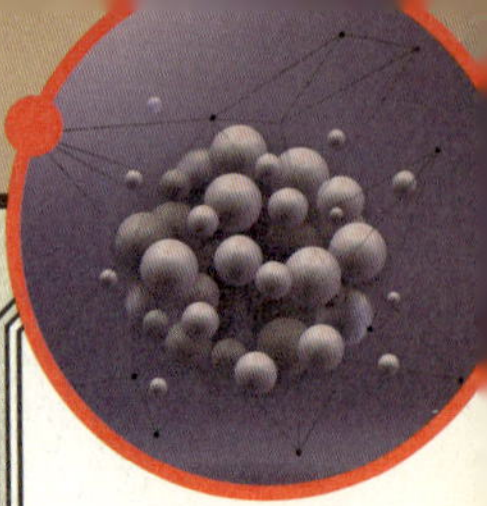

原子の結びつきで成り立つ物質世界

原子の結合とイオン化

原子が結合して分子になる

　複数の原子が結合した、電気的に中性な物質を「分子」という。多くの原子は分子になることで安定するが、原子の中には、単独の原子で分子のように振舞う「単原子分子」や、ふたつの原子が結合した状態で分子のように振舞う「二原子分子」というものも存在する。

　私たちが日常で目にするさまざまな物質は、多数の分子が集まってできたものだ。原子や分子は非常に小さいため、肉眼で見ることはできない。たとえば、水は見ることも触ることもできるが、これは水分子が複数集まった状態のもので、分子そのものではない。また、水分子はひとつだけでも水の性質を持っている。そのことからもわかるように、分子はその物質の特性を持つ最小単位の粒子なのだ。

　なお、原子や分子が同じパターンで並んだ物質を「結晶」と呼び、その並び方を「結晶構造」という。

原子や分子を結びつける力の種類

　原子や分子を結びつける力を「化学結合」といい、いくつかの種類に分類できる。代表的な化学結合としては、「金属結合」「共有結合」「イオン結合」の3種類が挙げられる。

　金属結合は、その名の通り金属元素に見られる化学結合だ（52ページ参照）。金属結合した物質では金属原子が規則正しく並び、原子と原子の間を「自由電子」と呼ばれる電子が自由に移動している。電子を金属結晶全体で共有しているともいえる状態だ。金属結合は、曲げたり伸ばしたりすることができるほか、独特の光沢を持っている、電気をよく通す（電気伝導性が高い）といった特徴がある。

　共有結合は、原子同士がお互いの電子を共有（交換）することで結びついた結合で、単原子分子を除く分子は、共有結合で結びついている。

●化学結合の主な種類

種類	特徴
金属結合	金属元素に見られる化学結合。金属原子が規則正しく並び、原子と原子の間を自由電子が自由に移動し、原子同士を結びつける役割を果たしている。
共有結合	非金属元素に見られる化学結合。原子同士がお互いの電子を共有することで結びついている。
イオン結合	金属元素と非金属元素に見られる化学結合。プラスの電荷を帯びた陽イオンと、マイナスの電荷を帯びた陰イオンが引き合って結びついている。

　原子が近づくと、負（マイナス）の電荷を帯びた電子同士は反発するが、同時に正（プラス）の電荷を帯びた原子核に引き寄せられる。やがて、電子はふたつの原子核の周りで運動するようになり、ふたつの原子核が電子を共有した状態になる。この結合は非常に強いものだ。このとき、それぞれの原子核から見ると、原子のもっとも外側の電子殻（最外殻）が埋まった状態（閉殻構造）であり、原子は非常に安定する。

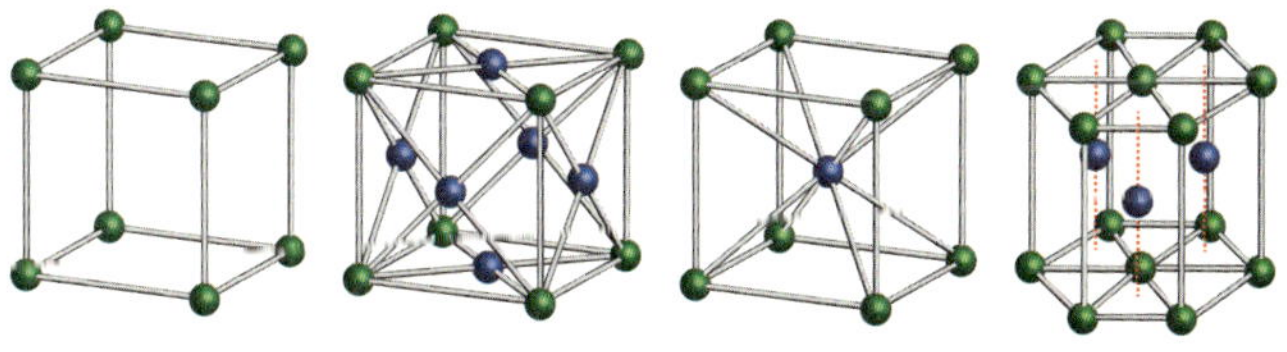

▲原子や分子が規則的に並んだ物質を結晶、その並び方を結晶構造と呼ぶ。図は結晶構造の例。

そして、イオン結合は「陽イオン」と「陰イオン」が引き合って起こる結合だ。たとえば、塩化ナトリウム（塩）が結晶になっているのは、イオン結合によるものだ。

イオンとはどんなものか?

イオン結合を引き起こす「イオン」とは、いったいどのようなものなのだろう。

原子は同じ数の電子と陽子を持っており、電気的には中性だ（18ページ参照）。だが、常に中性であるとは限らない。最外殻にある電子が原子を飛び出してしまったり、反対に電子が飛び込んできたりすれば、原子はマイナスかプラス、どちらかの電荷を帯びることになるためだ。

このように、原子が電荷を帯びた状態をイオンという。ひとつ、あるいは複数の電子を放出してプラスの電荷を帯びた原子を「陽イオン」、電子が飛び込んできてマイナスの電荷を帯びた原子を「陰イオン」と呼ぶ。また、陽イオンになる際に必要となるエネルギーを「イオン化エネルギー」、陰イオンになる際に放出されるエネルギーを「電子親和力」と呼ぶ。

なお、商品の宣伝などで「マイナスイオン」などという言葉が用いられることがあるが、これは造語であり、陰イオンとは別のものだ。英語では、陽イオンを「ポジティブイオン」、陰イオンを「ネガティブイオン」という。

食塩の結晶はイオンの力でできている

原子は閉殻構造になると安定する。そのため、金属原子は電子を放出し、非金属原子は電子を吸収して閉殻構造になろうとする性質を持つ。

たとえば、金属原子のナトリウムは電子を放出してナトリウムイオン（Na^+）に、非金属原子の塩素は電子を取り込んで塩化物イオン（Cl^-）になろうとする。ナトリウムイオンと塩化物イオンが出会うと、ふたつのイオン化した原子の間に「クーロン力」という力が働いて、イオン結合する。イオン化した多数の原子がクーロン力によって結合すると「イオン結晶」になる。塩の結晶や岩塩などは、その代表例だ。

イオン結晶は、衝撃を受けるとイオンの配列が変化し、電気的な反発力が生まれて結合が保てなくなる。その結果、パリンと割れる。また、水に溶かすと水中でイオンがバラバラになり、電気をよく通すようになるという特徴がある。

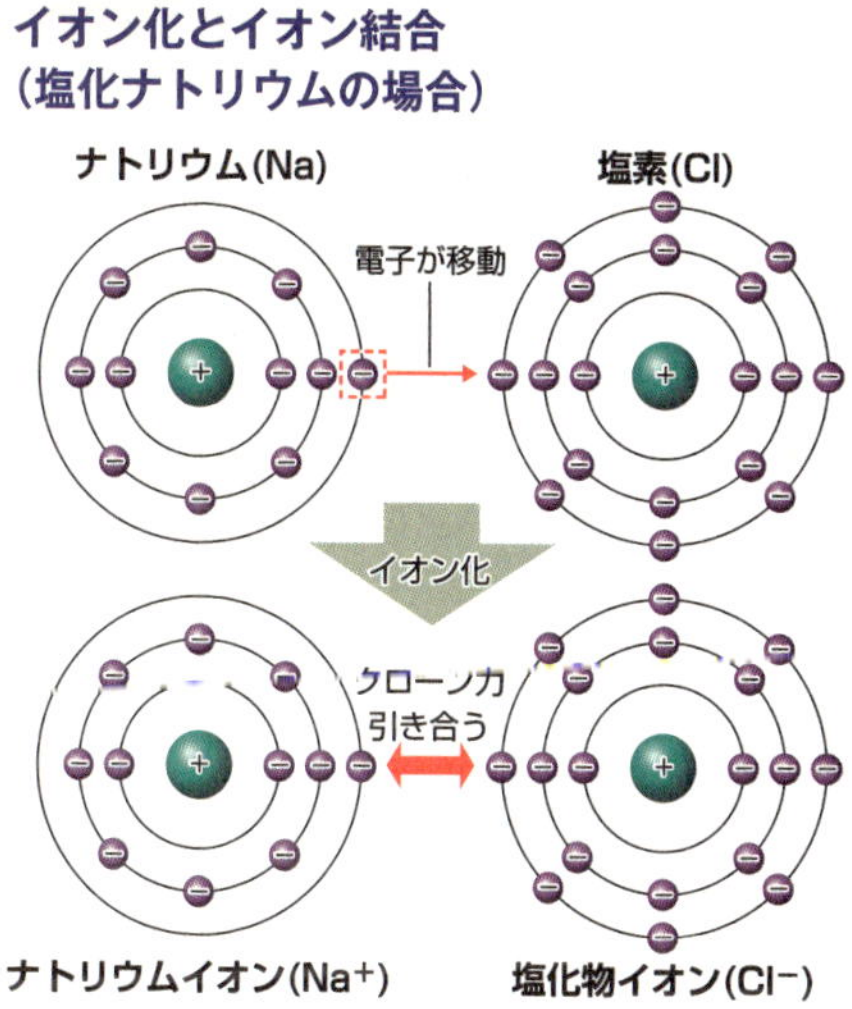

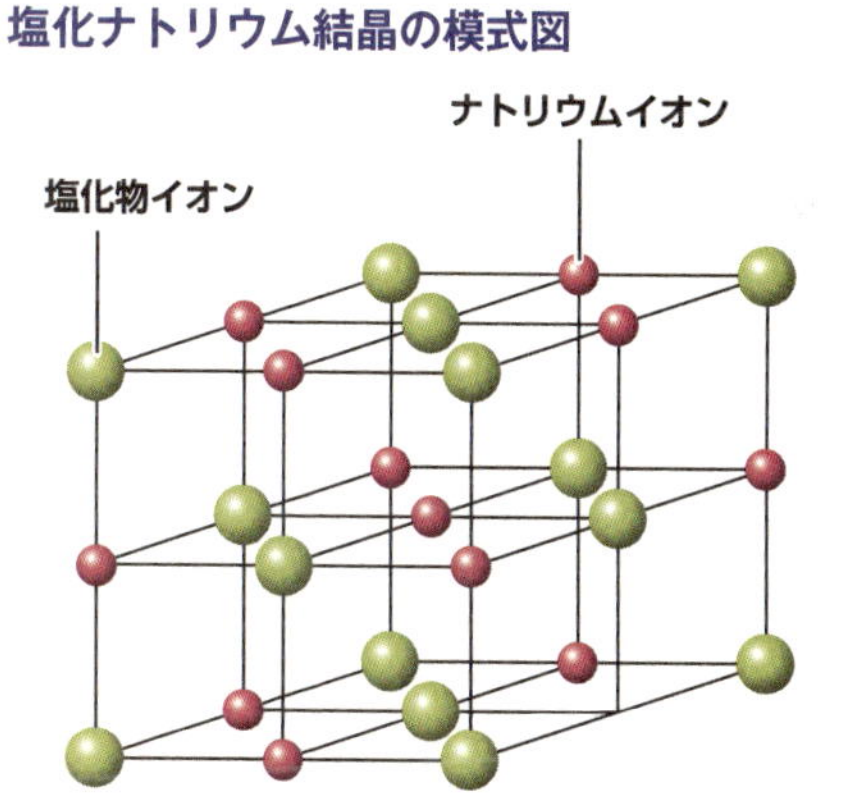

▲(上)ナトリウムと塩素のイオン化とイオン結合の様子。陽イオンとなったナトリウムイオンと、陰イオンとなった塩化物イオンがクーロン力によって引き合って結合する。(下)イオン結晶となった塩化ナトリウム結晶の結合の様子。

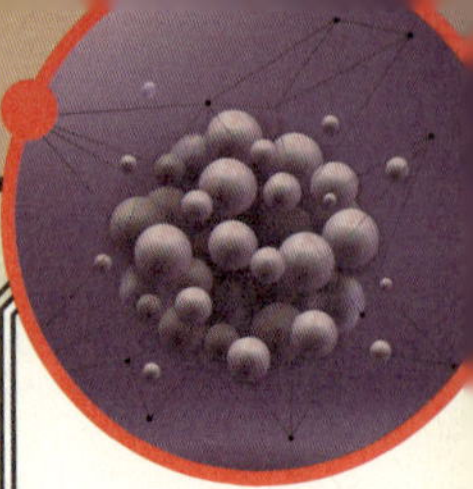

原子核の反応が膨大なエネルギーを生む

核分裂と核融合のしくみ

巨大エネルギーを生み出す核分裂

1938年、ドイツの化学者オットー・ハーンとフリッツ・シュトラスマンが、質量数235のウラン（ウラン235）に低エネルギーの中性子（熱中性子）を照射したところ、ウラン235が分裂し、バリウム141と複数の中性子を生み出すことを発見した。同時に、化学反応によって放出されるエネルギーの100万倍にもなる膨大なエネルギーを放出することもわかった。このように、原子核が分裂して、より軽い元素を作る反応を「核分裂反応」という。

　核分裂反応によって放出された中性子が別のウラン235に衝突すると、新たな核分裂反応が起こる。核分裂反応では複数の中性子が放出されるため、連鎖的に核分裂を起こすことが可能で、その結果膨大なエネルギーが得られる。

　こうした核分裂反応の連鎖を利用した兵器が、第2次世界大戦末期に広島と長崎に投下された原子爆弾をはじめとする核兵器だ。核兵器はいわば「制御されない」核分裂反応であり、発生する中性子を中性子吸収材で捕獲することで、連鎖反応を一定レベルに制御した核分裂反応を利用しているのが原子力発電だ。

核融合の実現は人類の夢

　一方、原子核同士が反応して、重い原子核が生まれる反応を「核融合反応」という。太陽や夜空に輝く星々（恒星）では、水素が核融合反応を起こし、巨大なエネルギーを放出している。そのため、核融合の研究は「地上に太陽を作る研究」などといわれることもある。

同じ原子数で比べると、核融合によって放出されるエネルギーは化石燃料の約100万倍にもなるという。水素やその同位体である重水素（ジュウテリウム）、三重水素（トリチウム）が核融合しやすい。重水素や三重水素の原料となるリチウムは海中に豊富に存在するため、原料はほぼ無限ともいわれている。

また、核分裂反応のように暴走する危険もなく、高レベルの核廃棄物も発生しないことから、実現すれば人類にとって理想的なエネルギー源となるはずだが、実用化への道のりは険しい。

▼核分裂反応のイメージ。ウランやプルトニウムなどの重い原子核が中性子を吸収し、より軽い原子核に分裂する際に膨大なエネルギーが放出される。

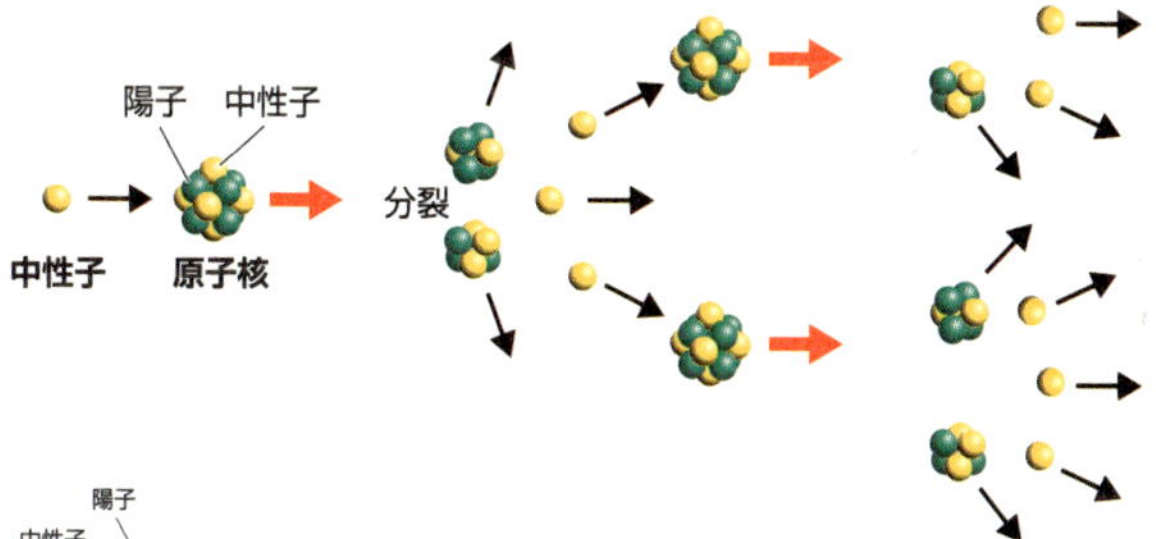

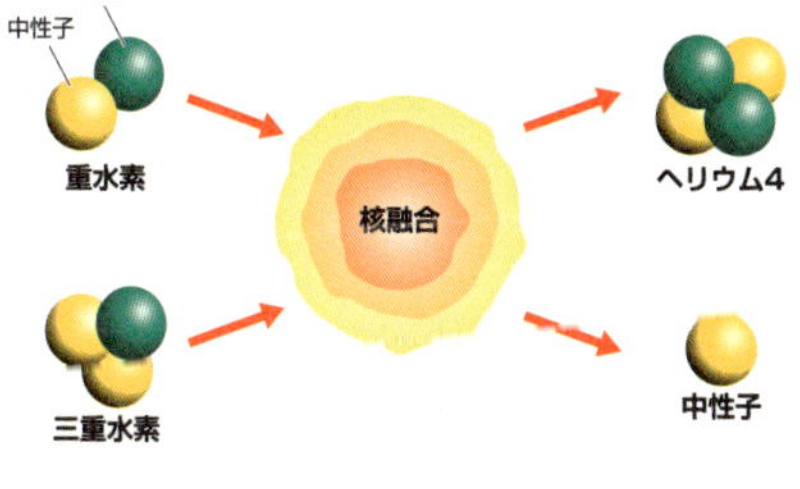

◀核融合反応のイメージ。重水素と三重水素の原子核を融合させると、ヘリウムと中性子ができる。その際、融合前の重水素と三重水素の重さの合計よりも、融合後にできたヘリウムと中性子の重さの合計のほうが軽くなる。この軽くなった分のエネルギーが放出される。

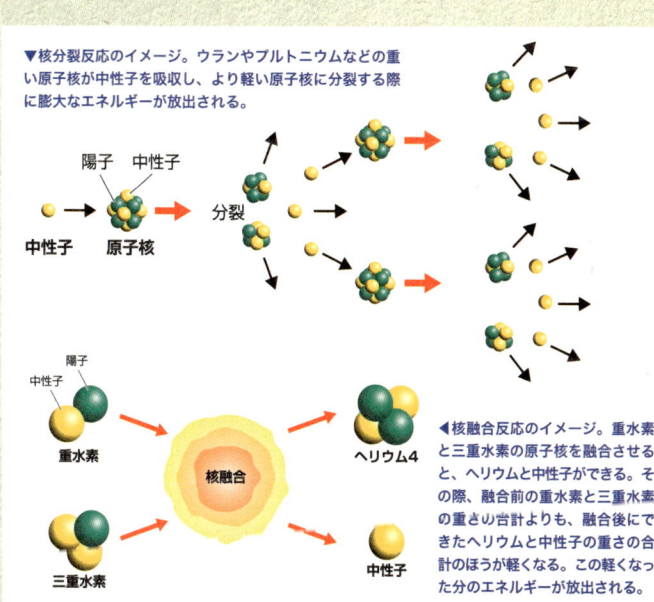

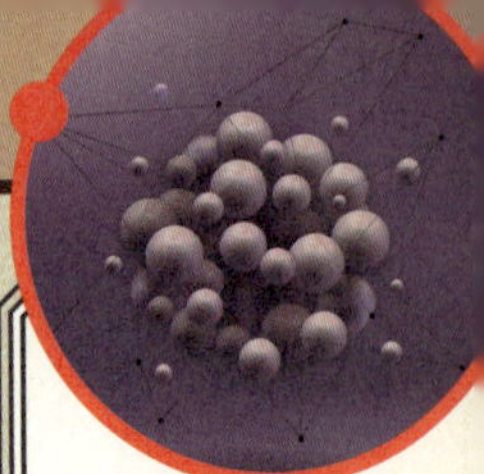

私たちを取り巻く見えない存在

放射線と放射能はどう違うのか?

「放射能を浴びる」は間違い?

「放射線」と「放射能」は混同されることが多いが、実は言葉の意味がまったく違う。放射線とは、高いエネルギーを持った粒子や電磁波の総称だ。主な放射線には、アルファ線、ベータ線、ガンマ線、X線、中性子線がある。

一方の放射能とは、これらの放射線を放出する能力を指す言葉で、「放射能を浴びた」などの表現は誤用となる。また、放射能を持つ物質のことを「放射性物質」という。放射能は「ベクレル（Bq）」という単位で表される。これは放射性物質が1秒間に崩壊する数を示している。電灯にたとえるなら、電灯から放出される光が放射線で、放射能は電灯が光を出す機能、電灯そのものは放射性物質に当てはまる。

放射性物質は、放射線を放出して安定した元素へと変化する。たとえば、放射性同位体のひとつである※ヨウ素131は、ベータ線を放出して安定した元素であるキセノンへと変化する。放射線を出しはじめてから8日たつと、ヨウ素131の量は半分（放射線の量も半分）になる。このように、放射性物質の量が半分になるまでの期間を「半減期」と呼ぶ。

放射線は人体に有害であると考えられている。原爆実験や原発事故などによる人工の放射線が注目されやすいが、実際には自然の鉱物や宇宙線などからの放射線も少なくないのだ。

放射線被爆の早見図

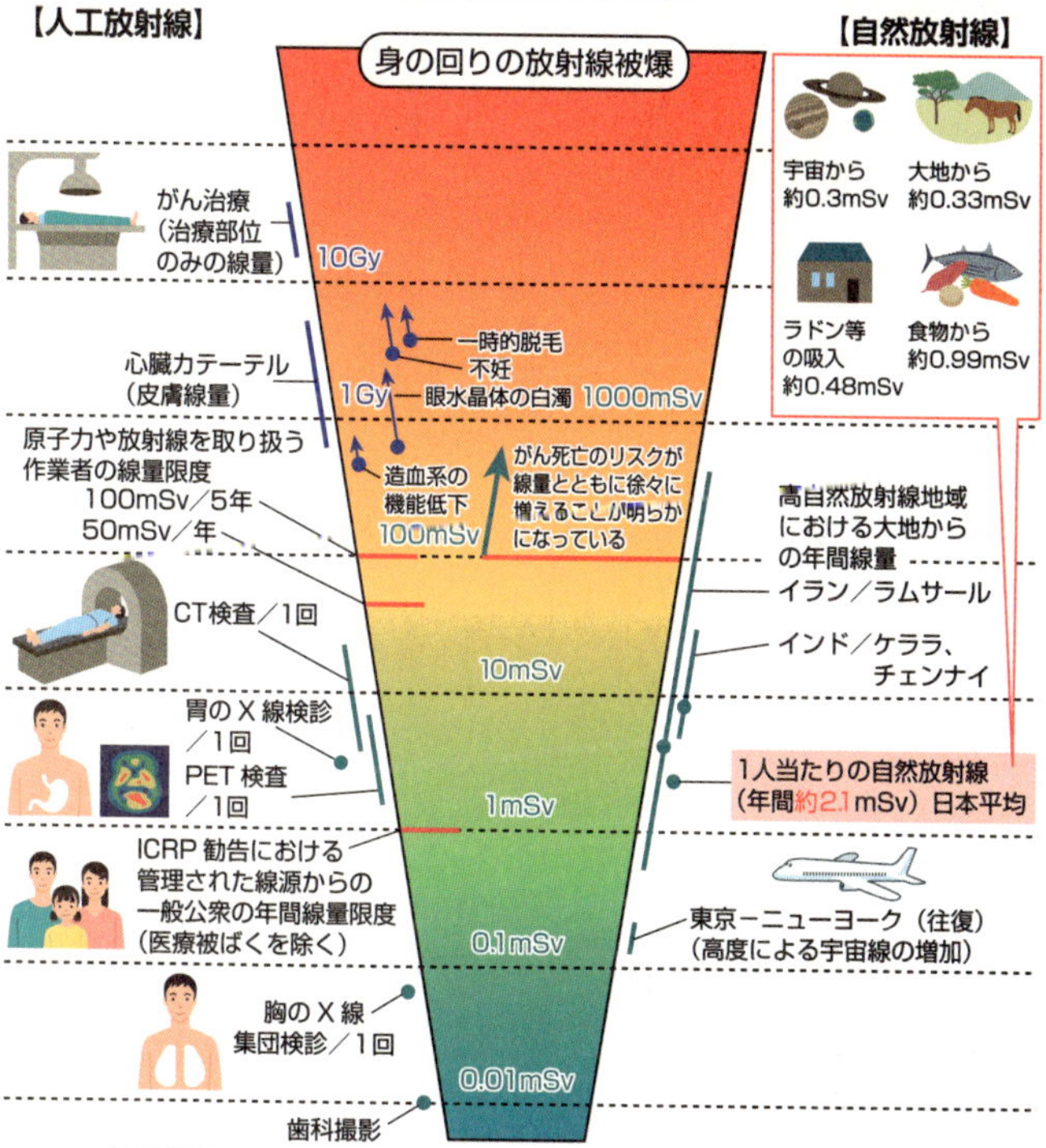

【線量の単位】

各臓器・組織における吸収線量：Gy（グレイ）

放射線から臓器・組織の各部位において単位重量あたりに
どれくらいのエネルギーを受けたのかを表す物理的な量。

実効線量：mSv（ミリシーベルト）

臓器・組織の各部位で受けた線量を、がんや遺伝性影響の感受性について
重みづけをして全身で足し合わせた量で、放射線防護に用いる線量。

各部位に均等に、ガンマ線 1Gy の吸収線量を全身に受けた場合、
実効線量で 1000mSv に相当する。

▲人体が放射線を浴びることを「被曝」と呼び、そのときの放射線量を「被曝線量」という。また、人間に対する放射線の影響を示す単位として「シーベルト（Sv）」が用いられ、1シーベルト（Sv）＝1000ミリシーベルト（mSv）となる。

（出展：国立研究開発法人 放射線医学総合研究所）

※ヨウ素131：質量数が131のヨウ素。自然界に存在するヨウ素の質量数は137。

「ミネラル」ってどんな元素？

「健康のためにはミネラル摂取が大切」などといわれるが、そもそもミネラルとはなんだろうか?

「ミネラル(mineral)」とは、人体に必要な元素(28ページ参照)のうち、4大元素である水素、炭素、酸素、窒素を除いた元素を指す。糖質、脂質、タンパク質、ビタミンと合わせて「5大栄養素」ともいわれる。ミネラルの語源は、鉱山や鉱石を意味する「マイン(mine)」で、生物に由来する物質(有機物)以外を指すことから「無機質」とも呼ばれる。

ミネラルの中でも、人間の栄養素として欠かせないものを「必須ミネラル」といい、ナトリウムやマグネシウムなど16種類の元素が確定しているが、今後の研究によって必須ミネラルが増える可能性もある。

ミネラルは人間の体内で作り出すことができないため、食事や飲料によって摂取する必要がある。ミネラルの中でも、主要なミネラル7種は、1日あたり100ミリグラム以上の摂取が望ましいとされる。製品名などに「ミネラル」の文字を使用する場合には、製品中に特定のミネラルが規定値以上含まれていなければならないことが「健康増進法」で規定されている。

ミネラルが不足すると、身体にさまざまな変調や不調が現れる。不足したミネラルは健康補助食品(サプリメント)などで補うこともできるが、過剰に摂取すると悪い影響が出ることもあるので、注意が必要だ。

●必須ミネラル

主要なもの(マクロ元素)

ナトリウム、マグネシウム、リン、硫黄、塩素、カリウム、カルシウム

微量なもの

クロム、マンガン、鉄、コバルト、銅、亜鉛、セレン、モリブデン、ヨウ素

第1部
元素の基礎を学ぶ

Part2
周期表を読み解く

近代化学史に残る大きな発見

周期表はどのように誕生した？

原子量から見いだされた周期性

1860年、ドイツのハイデルベルクで研究に従事していたロシア人化学者ドミトリ・メンデレーエフは、カールスルーエで行われた国際会議に出席し、そこでイタリアの有機化学者スタニズラオ・カニッツァーロが発表した原子量に関する考え方に共鳴した。

ロシアに戻り、サンクトペテルブルクで教鞭を執りながら研究を続けたメンデレーエフは、あるとき、元素の重さとカードゲームを組み合わせることを思いついた。

彼は白紙のカードに、当時知られていた63個の原子の名前や原子量などを書き込み、元素を理解しやすくするにはどうしたらよいかを考えながら、カードをさまざまに並べ替えた。そして、原子固有の数値として、「原子量」と「原子価」（酸化数）に着目し、似た性質を持つグループごとに原子量が大きくなる順番に並べた。

▲ドミトリ・メンデレーエフ。周期表を発案したことで1906年のノーベル化学賞にノミネートされたが、フッ素の研究と分離を行ったアンリ・モアッサンに1票差で敗れ、受賞を逃している。

原子価とは、ある原子が、何個の別の原子と結合するかを示した値だ。たとえば酸素であれば、2個の水素と結合するので、原子価は2となる。同じように、水素2個と結合する硫黄の原子価も2だ。

そうして、初期の「原子周期表」を完成させたメンデレーエフは、1869年のロシア化学学会で「元素の諸特性とその原子量との関係」という論文を発表した。

未発見の元素を予測した功績

メンデレーエフと同時期に、ドイツの化学者ロータル・マイヤーが、メンデレーエフの周期表とほぼ同じものを発表している。だが、メンデレーエフが優れていた点は、周期表から将来発見されるかもしれない元素とその性質を予測したところにある。

たとえばメンデレーエフが、周期表でアルミニウムの下に位置することから、「エカアルミニウム」と名づけた当時未発見の元素は、1875年にフランスの化学者ポール・ボアボードランが発見したガリウムに相当することがわかった。

こうして、発表当時は疑問視されたメンデレーエフの周期表は世界に認められるようになり、多くの人の手によって改良が加えられて、現在の形になったのである。

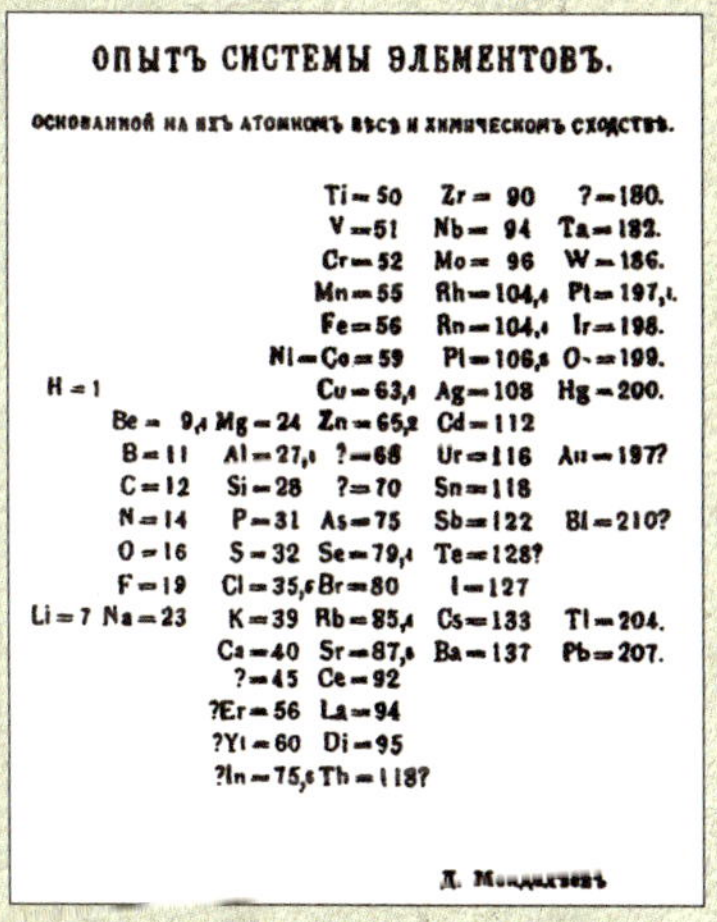

ОПЫТЪ СИСТЕМЫ ЭЛЕМЕНТОВЪ.

ОСНОВАННОЙ НА ИХЪ АТОМНОМЪ ВѢСѢ И ХИМИЧЕСКОМЪ СХОДСТВѢ.

			Ti=50	Zr=90	?=180.
			V=51	Nb=94	Ta=182.
			Cr=52	Mo=96	W=186.
			Mn=55	Rh=104,4	Pt=197,4.
			Fe=56	Ru=104,4	Ir=198.
			Ni=Co=59	Pd=106,6	Os=199.
H=1			Cu=63,4	Ag=108	Hg=200.
	Be=9,4	Mg=24	Zn=65,2	Cd=112	
	B=11	Al=27,4	?=68	Ur=116	Au=197?
	C=12	Si=28	?=70	Sn=118	
	N=14	P=31	As=75	Sb=122	Bi=210?
	O=16	S=32	Se=79,4	Te=128?	
	F=19	Cl=35,5	Br=80	I=127	
Li=7	Na=23	K=39	Rb=85,4	Cs=133	Tl=204.
		Ca=40	Sr=87,6	Ba=137	Pb=207.
		?=45	Ce=92		
		?Er=56	La=94		
		?Yt=60	Di=95		
		?In=75,6	Th=118?		

Д. Менделѣевъ

▲メンデレーエフが1869年に発表した周期表。似た性質を持つ元素を原子量順に並べ、適切な元素がない部分は空欄を設けている。

元素の世界を表す「地図」

周期表の形はひとつではない？

元素を理解するための試み

ラヴォアジエの実験（24ページ参照）に代表されるように、18世紀後半から化学は飛躍的に発展していった。１８３０年までには55種類の元素が発見されており、化学者たちはそれらを理解するために、わかりやすく分類・整理する努力をしていた。

ドイツの化学者ヨハン・デーベライナーは、１８２９年に発見された臭素の反応が、塩素とヨウ素に似ていることに気がついた。さらに、カルシウム、バリウム、ストロンチウム、そして硫黄、セレン、テルルが、それぞれ似た反応を示すことから、それらの元素をグループ化し「三つ組元素」と名づけた。

１８６２年には、フランスの鉱物学者ベギエ・ド・シャンクルトワが「地のらせん」という周期律を発表した。これは、元素をらせん状に並べると、似た性質の元素が垂直に並ぶというものだったが、錬金術の考え方を使って説明されていたために難解で、多くの人には理解されなかった。

そして、イギリスの化学者ジョン・ニューランズは、元素を音階にたとえた「オクターブの法則」を発表した。これは、元素を並べていくと8番目の元素が最初の元素に似ているというものだったが、原子量の大きい元素には当てはまらず、認められることはなかった。

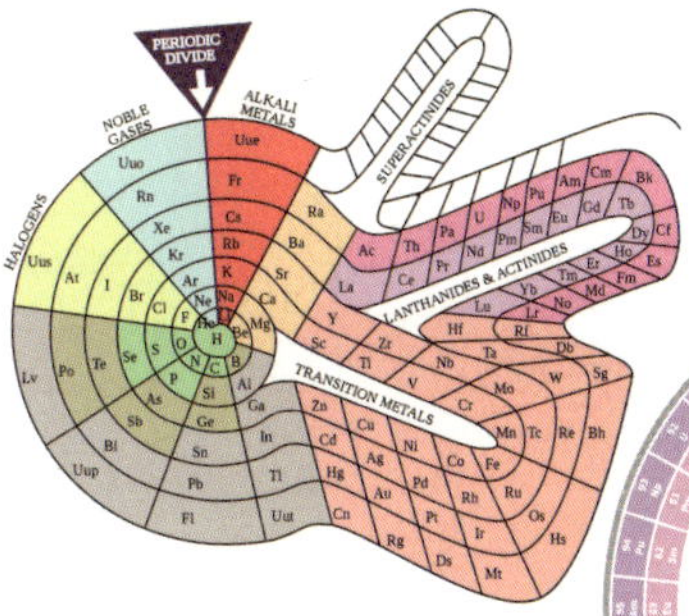

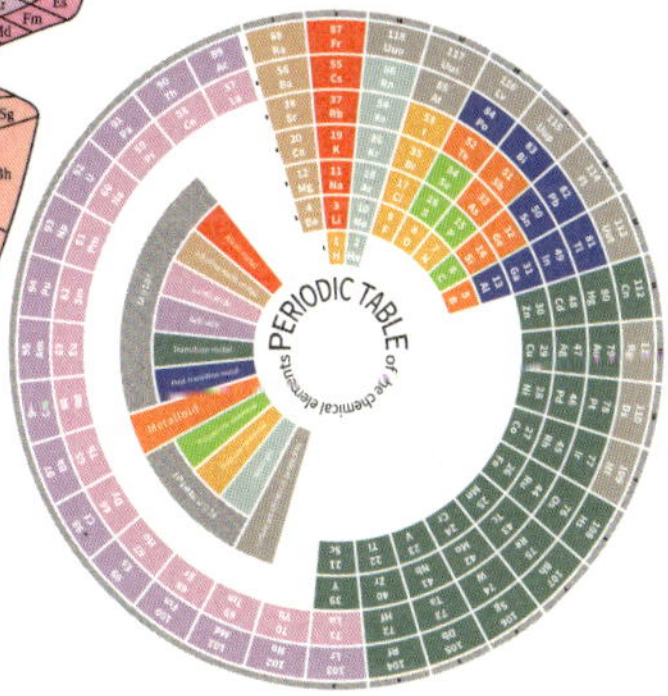

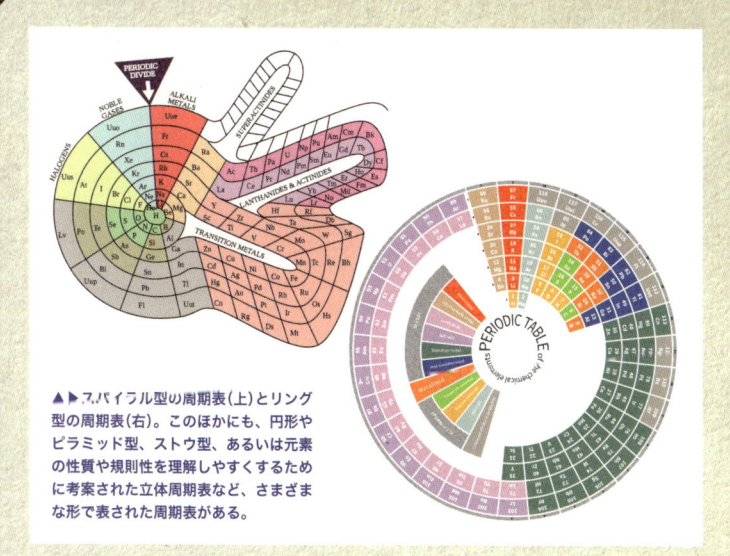

▲▶スパイラル型の周期表(上)とリング型の周期表(右)。このほかにも、円形やピラミッド型、ストウ型、あるいは元素の性質や規則性を理解しやすくするために考案された立体周期表など、さまざまな形で表された周期表がある。

メンデレーエフ以外の周期表

メンデレーエフが「視界を広げる望遠鏡」と呼んだ彼の周期表は、発表されてから１４０年以上、新たに発見された元素が追加されるなど、さまざまな改良を加えられて、化学の発展に寄与してきた。

しかし、その標準的な周期表以外にも、独自の分類やグループ分け、表示方法などを使ったさまざまな周期表が考案されている。たとえば、スパイラル型やリング型、ピラミッド型、あるいはランタノイドやアクチノイドを立体的に組み込んだ周期表などもある。

新しい元素が発見されるたびに、周期表はアップデートされていくが、単純に元素を追加していくだけで果たしてよいのだろうか？　次代を担う若い研究者を増やすためにも、もっとわかりやすい周期表が必要になるかもしれない。

周期表の構造を理解する

「周期」と「族」とは?

周期表の横列と縦列の意味

周期表の横列は原子番号順に並べられており、これを「周期」と呼ぶ。現在、第1周期から第7周期まで存在しているが、将来、119番目の元素が発見されれば、第8周期が追加されることになる。

同じ周期にある元素は、同じ数の電子殻を持っている。同じ周期の中で、左から右へ行くにしたがってイオン化エネルギー(イオン化するためのエネルギー)が高くなる。すなわち、左側の元素よりも右側の元素のほうが、電子との結びつきが強いということになる。

横列の周期に対して、縦列は「族」と呼んでいる。標準的な周期表では第1から第18までの族があり、同じ族にある元素は似通った性質を持っている。そのため、似た性質を持つ元素をまとめて別の名前で呼ぶことがある。たとえば、水素を除く第1族は「アルカリ金属」(50ページ参照)と呼ぶ。これらは軽い金属類で、化学反応を起こしやすい(反応性が高い)という特徴がある。

また、第2族のうち、ベリリウムとマグネシウムを除いた元素は「アルカリ土類金属」(51ページ参照)と呼び、アルカリ金属に次いで高い反応性を持っている。

第17族は「ハロゲン」と呼び、1個の電子を取り入れると化学的に安定な構造となるため、

周期表の構造と元素の分類

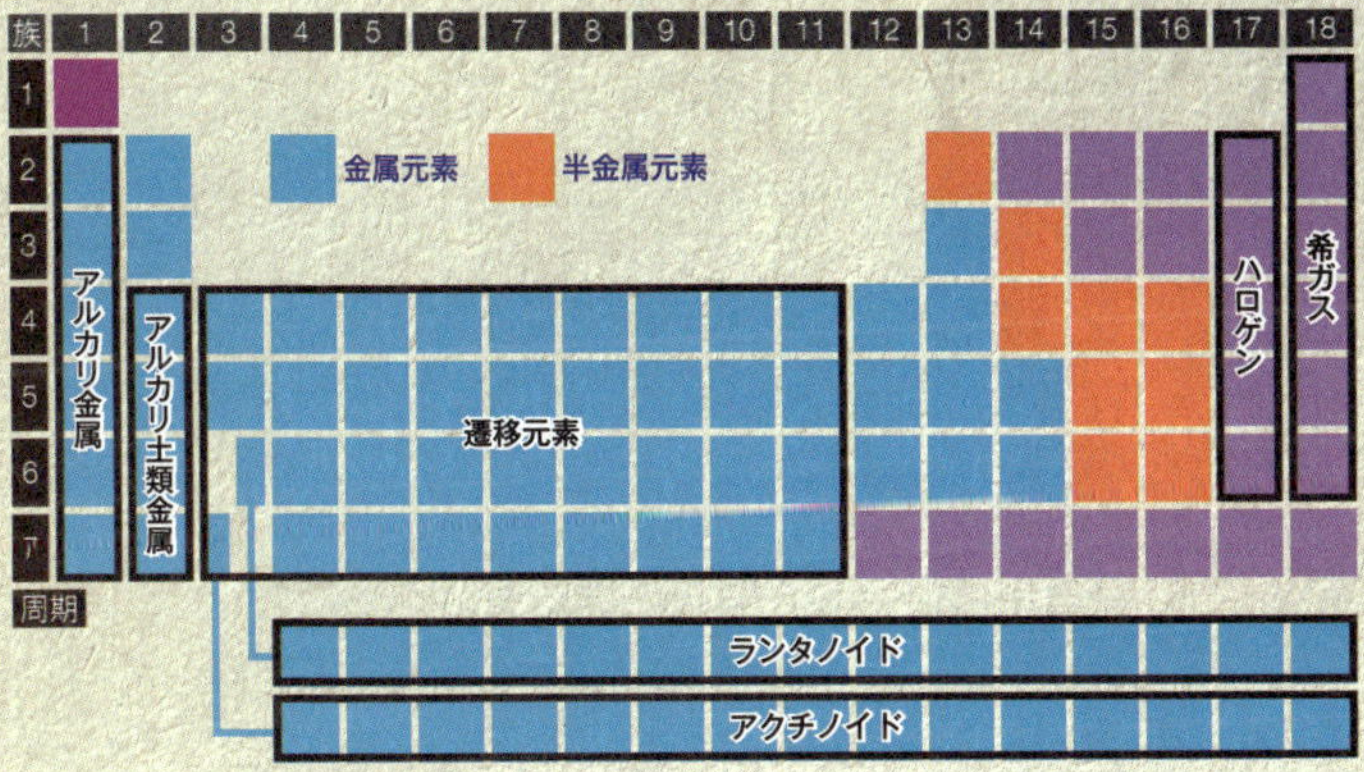

陰イオンになりやすい。第18族は、自然界では希少な元素であるため「希ガス」と呼ぶ（54ページ参照）。他の元素と反応しにくく、安定した原子構造を持っているのが特徴だ。

不思議な性質を持つ「遷移元素」

一方、周期表の第3~第11族の元素を「遷移元素」と呼ぶ（「遷移金属」とも）。普通、電子は内側の原子核から増えていく。ところが、遷移元素は内側の原子核が埋まっていないのに、外側の原子核に電子が配置されてしまうのだ。

そのため、原子番号が増えても最外殻にある電子の数が変わらない（化学的な性質があまり変わらない）というおかしな現象が起こる。外側の〝空席〟から電子が埋まっていくからなのだが、電子の存在が知られていなかった当時のメンデレーエフは、これらの不思議な存在に頭を悩ませたといわれている。

「同位体」とは何か？

ひとつの原子番号が持つ複数の存在

中性子の数が異なる原子

周期表では、元素が原子番号順に並んでいる。この原子番号は、その元素が持つ陽子の数に等しい。しかし、同じ元素の原子でも、陽子の数が同数で、中性子の数が異なる原子が存在する。これを「同位体（アイソトープ）」と呼ぶ。

中性子の数が違っても、原子の質量（質量数）が異なるだけで、同位体間で化学的な性質にほとんど違いはない。また、原子番号は陽子の数で決まるが、同位体の陽子の数は同じであるため、原子番号は変わらない。そのため、周期表上では同じ位置に該当する。ちなみに、同位体の英語表記「isotope（アイソトープ）」は、「iso（同じ）」と「topos（場所）」という意味のギリシア語に由来している。

同位体は、元素名の後に質量数をつけて表記する。たとえば、炭素の同位体で、通常の炭素よりも中性子が2個多い同位体は「炭素14」と書く。また、記号で表す場合は、元素記号の左肩部分に質量数を記載する。炭素14の場合には「^{14}C」となる。なお、原子核の組成を「核種」といい、原子番号と質量数で示される。しばしば同位体と同じ意味で使われるが、厳密には異なる。

広く利用される放射性同位体

同位体には、安定した状態で変化を起こさな

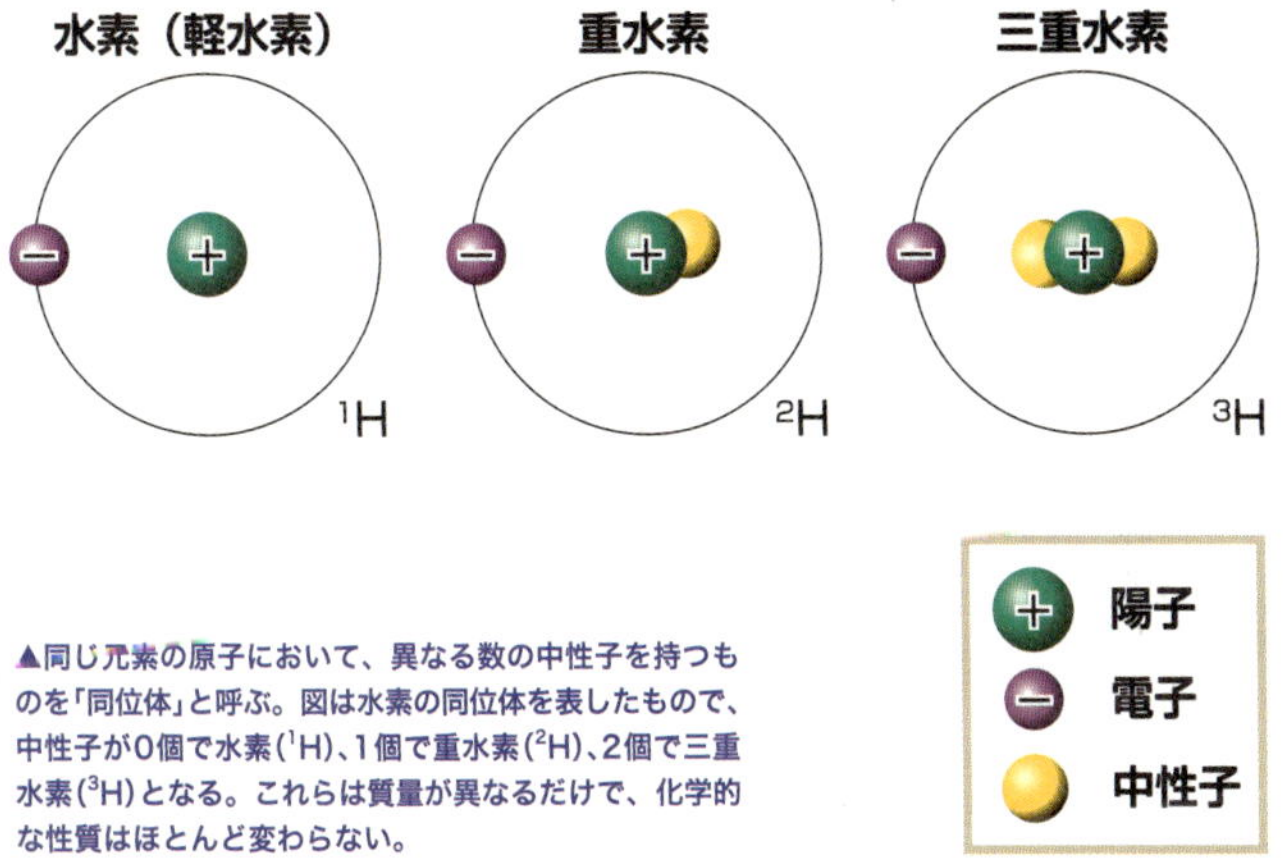

▲同じ元素の原子において、異なる数の中性子を持つものを「同位体」と呼ぶ。図は水素の同位体を表したもので、中性子が0個で水素(^{1}H)、1個で重水素(^{2}H)、2個で三重水素(^{3}H)となる。これらは質量が異なるだけで、化学的な性質はほとんど変わらない。

い「安定同位体」と、陽子と中性子のバランスが不安定で、時間の経過とともに放射線を放出して変化する「放射性同位体（ラジオアイソトープ）」の2種類がある。

この放射性同位体は、さまざまな分野で利用されている。たとえば炭素の放射性同位体である炭素14は、自然界に一定の割合で存在し、発掘調査などで発見された出土物を調べる際に使われる「放射性炭素年代測定」で利用される。

放射性同位体が崩壊し、その原子の個数が半分に減るまでの時間を「半減期」と呼ぶ。炭素14の半減期は5730年で、化石などの生物由来の遺物に含まれる炭素14の割合を調べれば、どの時代に生命活動を終えたかがわかるのだ。

ほかにも、たとえば医療分野では、がん検査のひとつ、PET検査のマーカーとして使用されたり、がんの治療や代謝の測定などに放射性同位体が利用されている。

元素の性質と分類①

アルカリ金属とアルカリ土類金属

陽イオンになりやすい原子構造

周期表において、第1族に属する元素のうち、水素を除いたものを「アルカリ金属」と呼ぶ。リチウム、ナトリウム、カリウム、ルビジウムなどがこの分類に含まれる。

アルカリ金属は、金属でありながら軽くて非常に柔らかく、化学反応しやすい（反応性が高い）という点が特徴となっている。

アルカリ金属に属する元素は、原子のもっとも外側の電子殻（最外殻）には電子がひとつしかなく、いわば電子が余った状態にも見える。そのため、最外殻の電子を放出して1価※の陽イオンになりやすい（イオン化エネルギーが低い）。

水と激しく反応するアルカリ金属

イオン化エネルギーが低いということは、化学反応しやすいということで、その傾向は原子量が大きくなるほど、つまり原子核と最外殻の距離が離れるほど大きくなる。

スマートフォンのバッテリーなどにも使われるリチウムを水で濡らした紙の上に置くと、化学反応を起こして水素が発生し、水は水酸化リチウムに変化する。

ナトリウムの場合は、水と反応して水素ガスが発生するとともに、熱を発して発火する。アルカリ金属や「アルカリ土類金属」などを含む試料を燃やすと、各元素によって異なる炎の色

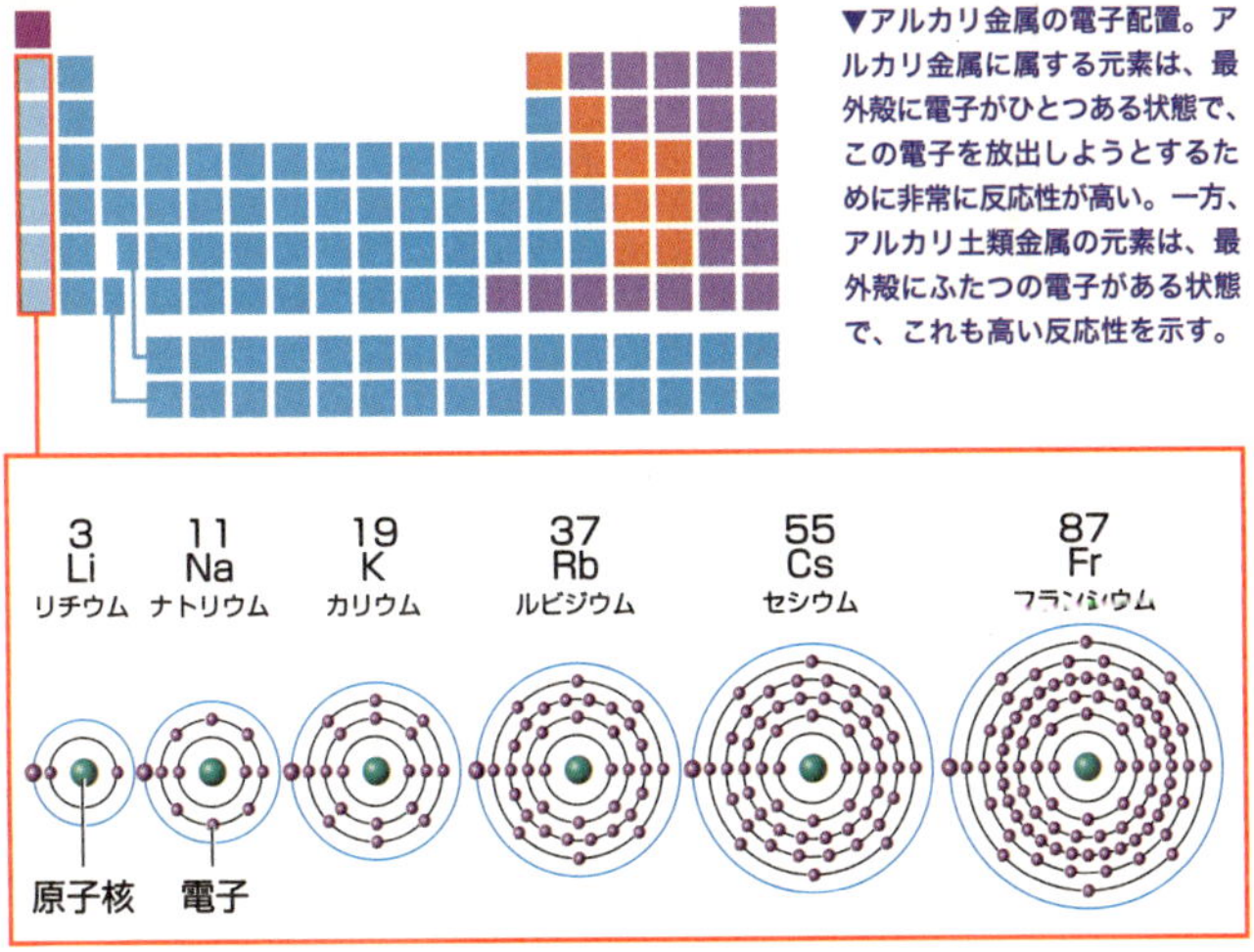

▼アルカリ金属の電子配置。アルカリ金属に属する元素は、最外殻に電子がひとつある状態で、この電子を放出しようとするために非常に反応性が高い。一方、アルカリ土類金属の元素は、最外殻にふたつの電子がある状態で、これも高い反応性を示す。

を見せる。これを「炎色反応」と呼ぶが、ナトリウム原子が燃えると、黄色い炎があがる。カリウムも水と反応して発火し、赤紫色から紫色の炎色反応を示す。

アルカリ金属は空気中の水分にも反応してしまうため、保存する際は石油に沈めて保存する。また、ルビジウムやセシウムは反応が激しすぎるため、密封した容器を使って厳重に保存する必要がある。

高い反応性を持つアルカリ土類金属

アルカリ金属に次いで高い反応性を示すのがアルカリ土類金属だ。周期表の第2族に属する元素のうち、ベリリウムとマグネシウムを除いた、カルシウム、ストロンチウム、バリウム、ラジウムを指す。最外殻に2個の電子があり、それを放出することで、2価の陽イオンになりやすい。

※価：原子がイオン化する際にやり取りした電子の数を示す。

元素の性質と分類②

金属元素

元素の大半を占める存在

周期表のうち、そのおよそ5分の4にあたる元素が「金属」である。その中には、鉄や銅、亜鉛、チタンなど、私たちの日常生活でもなじみ深い元素に加えて、カルシウム）やナトリウムといった、金属としての認識が薄い元素も含まれている。

金属元素は周期表の左側に集まっていることからもわかるように（47ページ参照）、これらの元素の原子は電子を放出して「閉殻構造」（もっとも外側の電子殻が埋まった状態）に近づこうとする性質がある。電子を放出した金属原子を「金属イオン」という。

金属原子が集まって結合する際、放出された電子は「自由電子」となって、原子（金属イオン）同士を結びつける（金属結合）。ちょうど原子と原子が隣接し、重なり合った最外殻を伝わりながら電子が移動するイメージだ。金属のさまざまな性質は、この自由電子によるものだ。

自由電子が金属の性質を決める

金属には、主に次のような性質がある。

●金属特有の光沢を持つ
●電気伝導性が高い
●展性および延性がある

金属が特有の光沢（金属光沢、メタリック）を持っているのは、自由電子が可視光（人間の

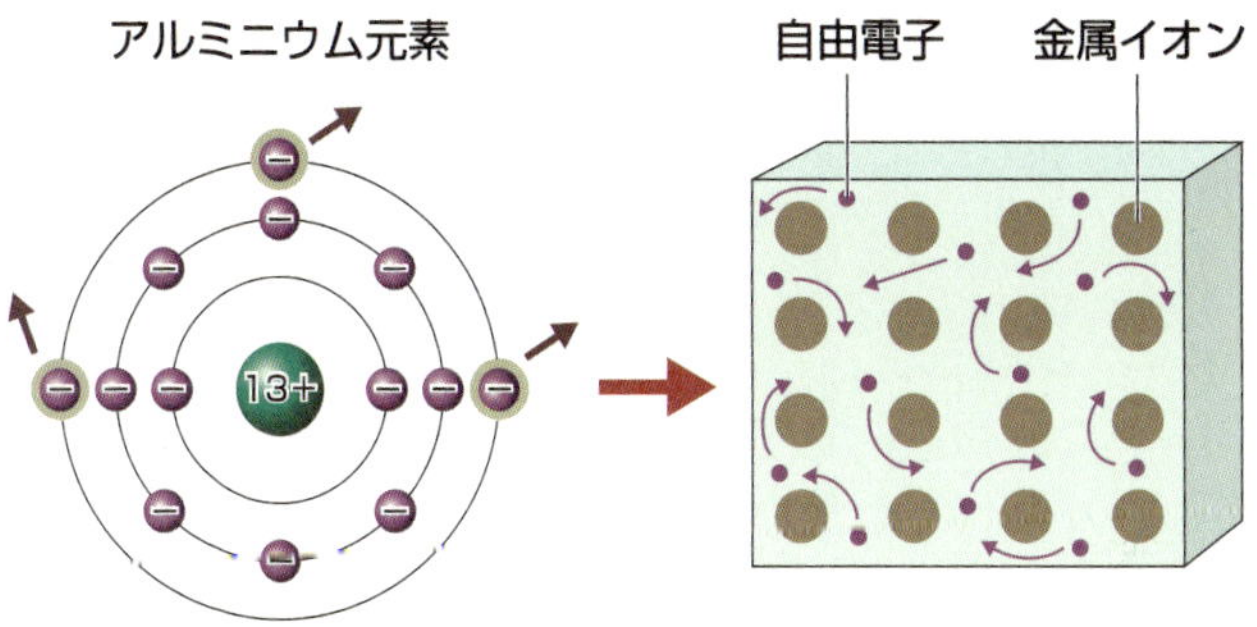

▲金属原子は最外殻の電子を放出し、閉殻構造へ近づこうとする性質を持つ。たとえば、電子を放出したアルミニウムの原子は金属イオンとなり、放出された電子（自由電子）が金属イオンの間を自由に動き回ることで、金属特有の性質が生じる。

目で見ることができる光）のほとんどを反射するからだ。実際には、金属に当たったさまざまな波長の光を自由電子が吸収し、再び放出している。この性質を利用し、人間は表面を滑らかに磨いた金属を鏡として利用してきた。

金属が電気を通しやすい（電気伝導性が高い）性質を持つのも、自由電子の存在によるものだ。マイナスの電荷を帯びた自由電子が、陰極（マイナス側）から陽極（プラス側）に移動することで電流が流れるのだ。

また、「展性」とは圧力を加えられると板状に広がる性質のことで、「延性」とは引っ張ると細く延びる性質のことを指す。これも金属の性質のひとつで、力を加えられて変形し、金属イオンの配置が変わっても、自由電子が自由に動き回ることによって結合が維持されるのだ。このような性質を利用して、金属は機械部品や加工品として広く使われているのである。

元素の性質と分類③

希ガス

閉殻構造を持つ第18族

周期表の右端、第18族に属する元素は、自然界に極小量しか存在しないことから、「希《まれ》な気体」という意味で「希《き》ガス」と呼ぶ。また、「不活性ガス」「貴ガス」などとも呼んでいる。

希ガスの電子配置を見てみると、もっとも外側の電子殻（最外殻）に電子が8個あることがわかる。ただし、ヘリウムは例外で、電子は2個だ。このような電子配置を「閉殻構造」という。最外殻が電子で埋まっている、いわば〝空席のない〟状態である。そのため、非常に安定した状態にあり、他の元素と反応しにくい。逆の見方をすれば、希ガス以外の元素は不安定であり、常に閉殻構造になろうとする傾向があるといえる。

利用範囲の広い希ガス

他の元素と反応しにくいということは、「燃えにくく、安全である」ということだ。そのため、私たちの日常生活におけるさまざまな場面で活用されている。

たとえば、今やLEDに置き換わりつつあるが、これまで一般的に使われていた白熱電球や蛍光灯には、アルゴンが利用されている。白熱電球はタングステンで作られたフィラメントに電気を流すことで発光するが、タングステンは酸素と結びつきやすく、大気中ではあっという

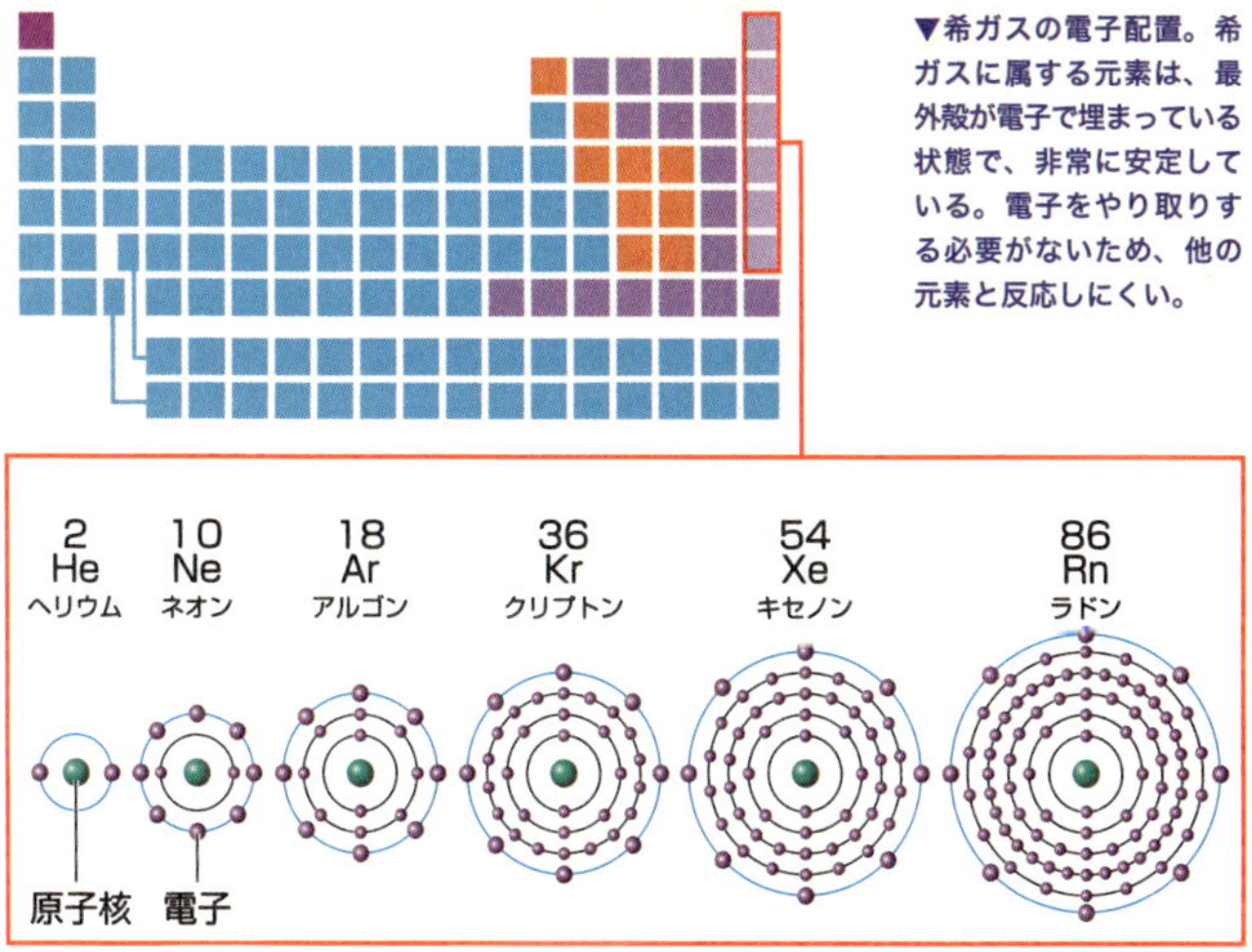

▼希ガスの電子配置。希ガスに属する元素は、最外殻が電子で埋まっている状態で、非常に安定している。電子をやり取りする必要がないため、他の元素と反応しにくい。

間に燃え尽きてしまう。そこで電球内をアルゴンで満たし、反応を抑えることで寿命を延ばしているのだ。

また、放電管内に希ガスを充満させて電圧をかけると、ガスの種類や純度などにより、さまざまな色の光を放出する。看板などに使用される「ネオンサイン」は、この現象を利用したものだ。同様にカメラのフラッシュにはキセノンが使われている。

ガス気球では、可燃性の高い水素に代わって、燃えにくいヘリウムが利用され、深海潜水用のボンベには、窒素の代わりにヘリウムやアルゴンが使われる。これは、窒素が血中に溶け込むことで起こる減圧症（潜水病）を防ぐためだ。

さらに、東京大学では、ＪＡＸＡ（宇宙航空研究開発機構）の小惑星探査機「はやぶさ」が小惑星「イトカワ」から持ち帰ったサンプルの分析に、希ガスの同位体を用いた。

元素の性質と分類④

ランタノイドとアクチノイド

似た性質の元素を集めたランタノイド

周期表中、原子番号57のランタンから原子番号71のルテチウムまでの15元素を、総称して「ランタノイド」と呼ぶ。ランタノイドとは、「ランタン」に「～もどき」を意味する「-oid」を組み合わせた造語で、「ランタンもどき」や「ランタンのような」という意味がある。

ランタノイドに含まれる元素は、その名前の通りランタンに似た性質を持っており、いずれも銀白色の金属で、水と反応すると水素を発生させる。

ランタノイドは、他の元素とは逆に、原子番号が増えるにしたがって、原子半径は小さくなっていく。これは増える電子が内側の電子殻に入っていくことで引き寄せる力が強くなり、その結果、原子半径が小さくなるためだ。これを「ランタノイド収縮」と呼ぶ。

ランタノイドは、スカンジウム、イットリウムとともに「レアアース（希土類）」と呼ばれており、いわゆるハイテク製品に多く利用されている。

放射能を持つアクチノイド

「アクチノイド」（「アクチニド」とも）は、原子番号89のアクチニウムから原子番号103のローレンシウムまでの15元素の総称だ。「アクチニウムと似た元素」という意味で、ウランや

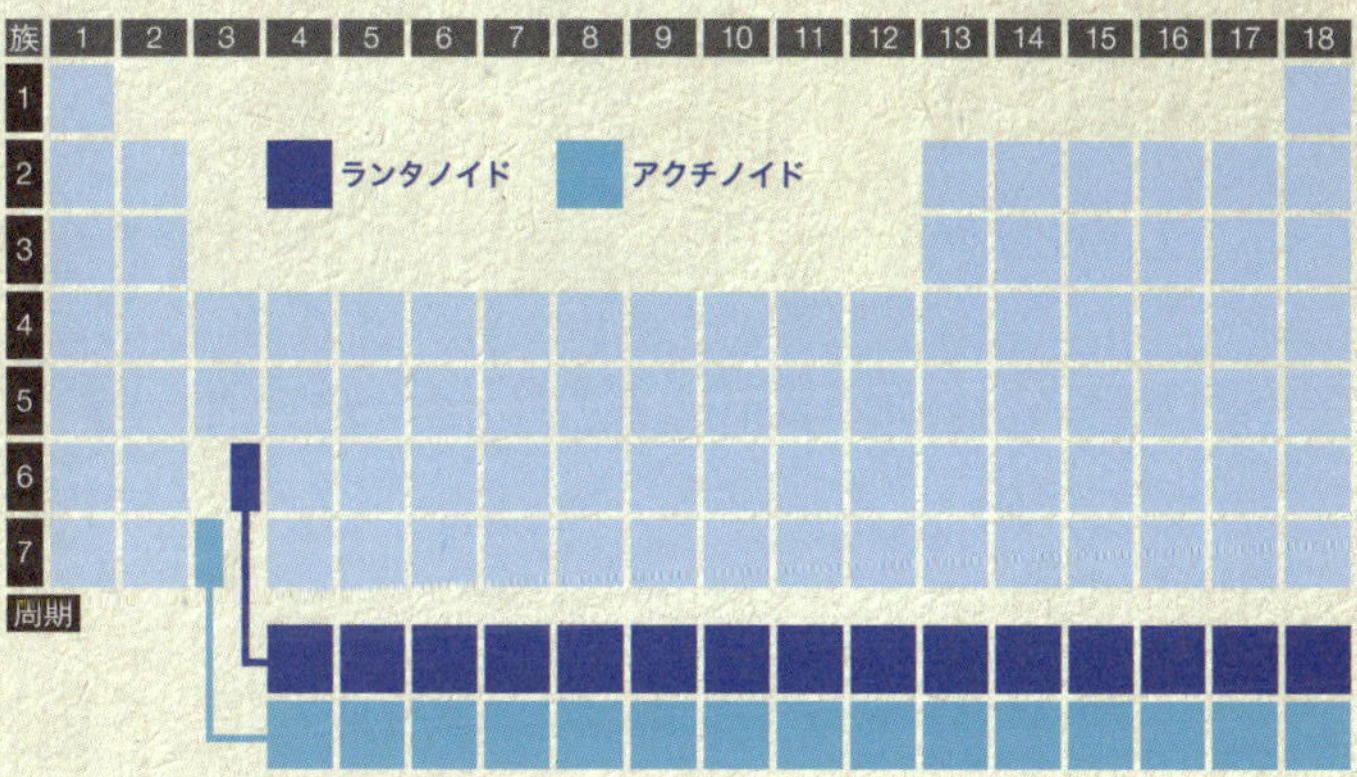

▲ランタノイドとアクチノイドは、それぞれ化学的な性質の似通った15元素が、周期表のひとつの枠に分類されている元素群だ。そのうち、アクチノイドはすべて放射性元素である。

プルトニウムをはじめ、アクチノイドに分類される元素は、物理的・化学的に同じような性質を持つ放射性物質である。

ランタノイド同様、アクチノイドも他の元素とは逆に、原子番号が増えるにしたがって、原子半径が小さくなっていく。これを「アクチノイド収縮」と呼ぶ。

アクチノイドは、トリウムとウランを除いて自然界では存在率が低く、人工的に合成されたものが多い。特に、ウランよりも重いネプツニウム以降の原子は「超ウラン元素」と呼ばれており、自然界にはほとんど存在しない。また、アクチノイドの多くは、実用ではなく研究用として使われている。

ランタノイドとアクチノイドに含まれる元素は、その性質が非常に似通っている。そのため、それぞれを分離して確定させるまでには、非常に長い時間がかかったのである。

元素の性質と分類⑤

レアアースとレアメタル

ハイテク製品に欠かせない元素

2009年末、中国の輸出制限によって価格が大暴騰したことから注目された「レアアース（希土類）」とは、スカンジウムとイットリウム、そしてランタノイドのことだ。周期表では、アクチノイドを除く第3族にあたる。

レアアースは、モーターやスピーカーなどに使う磁石、望遠鏡に使うレンズ、レーザーなど、現代社会において必要不可欠な製品に利用されている。ちなみに、日立製作所が製造・販売していたカラーテレビの「キドカラー」という名称は、「希土類」を使用していたことに由来する。

中国は生産コストの安さから、レアアースの世界シェア9割以上を占めるまでになっていたが、輸出制限後、他国でのレアアース生産が増加するなど、中国への依存度はある程度低下した。2015年、中国は一部のレアアースについて輸出制限を解除したが、中国依存へのリスクを回避するためには、レアアースの代替技術やリサイクル技術の確立が急務といえる。

レアメタルは31種類？

一方、存在する量が少ない、あるいは採掘・生成のコストが高く、流通量が少ない元素を「レアメタル」と呼ぶ。ただし、レアメタルという言葉は日本独自のもので、海外では「マイナーメタル」と呼ばれている。レアメタルは、電子材

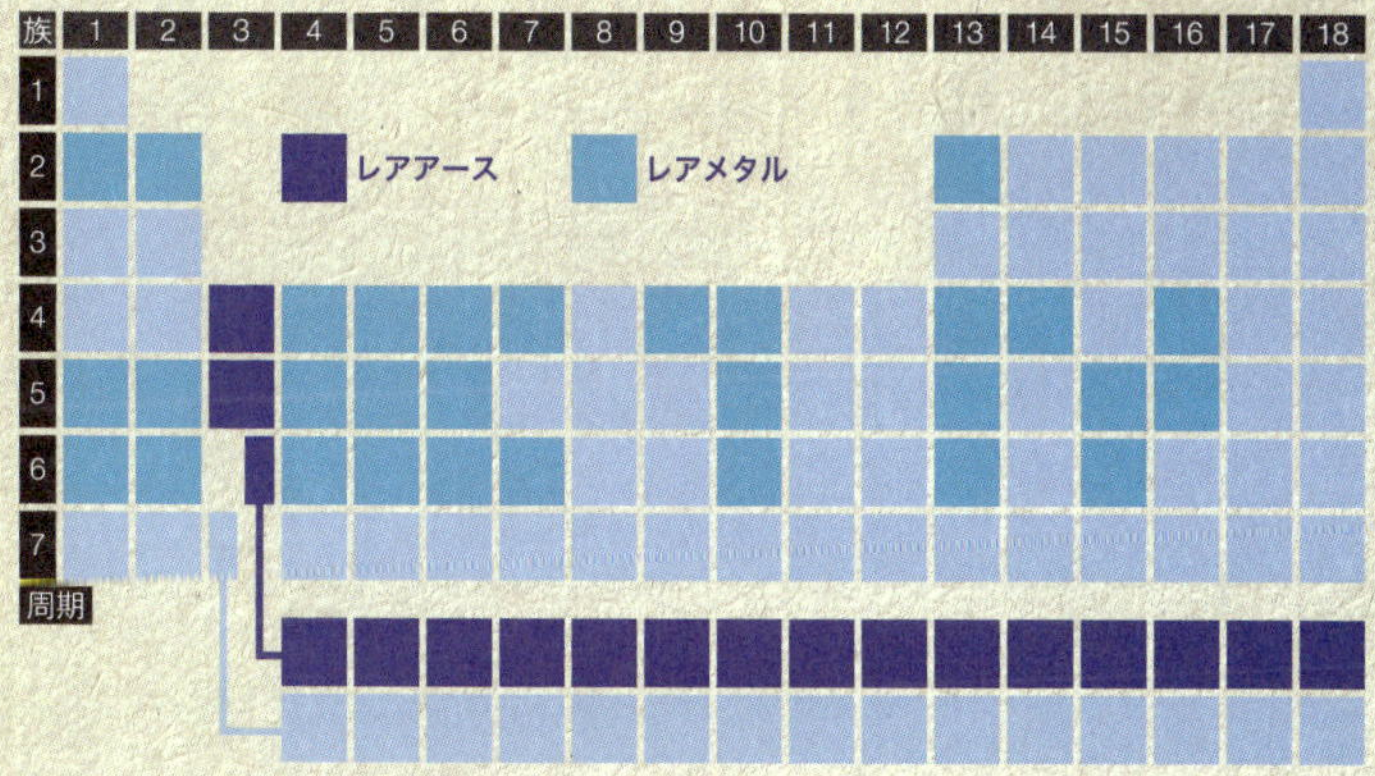

▲レアアースとレアメタルとして指定されている元素。レアアースはまとめてレアメタルの１種に含まれる。いずれも現代社会においては重要な元素といえる。

料や特殊合金、半導体、ファインセラミックスなど、先端技術には欠かせない元素だ。

　基本的には、地球上での存在量が少ない元素を指すが、その定義は曖昧だ。経済産業省では、レアメタルとして、リチウムやベリリウム、バナジウム、クロム、ジルコニウム、パラジウム、ゲルマニウムなど、30種の元素とレアアースを加えて31種としている。しかし、これには異論も多く、地球上に多く存在するが抽出コストが高い、あるいは純粋な元素として抽出することが難しい元素も含めてレアメタルと呼ぶこともある。

●経済産業省が定めたレアメタル

リチウム、ベリリウム、ホウ素、レアアース、チタン、バナジウム、クロム、マンガン、コバルト、ニッケル、ガリウム、ゲルマニウム、セレン、ルビジウム、ストロンチウム、ジルコニウム、ニオブ、モリブデン、パラジウム、インジウム、アンチモン、テルル、セシウム、バリウム、ハフニウム、タンタル、タングステン、レニウム、白金、タリウム、ビスマス

新素材として注目される炭素の同素体

炭素同素体のひとつに、炭素原子が五角形や六角形に結合した、サッカーボールのような「フラーレン」と呼ばれる多面体がある。1985年、黒鉛にレーザーを当てることで初めて作られた。このときのフラーレンは60個の炭素原子から構成されており、「C60フラーレン」とも呼ばれる。フラーレンを作ったアメリカの化学者、スモーリーとカールは、この功績によりノーベル化学賞を受賞している。

フラーレンは物理的に非常に安定した物質で、水や有機溶液に溶けにくく、一方でさまざまな化学反応を起こすという特徴を持っている。また、極低温では超伝導物質となる。現在は潤滑剤や化粧品、医薬品への応用研究が進んでいるところだ。

そして、フラーレンの製造過程で発見されたのが「カーボンナノチューブ（CNT）」だ。CNTは、六角形をなす炭素原子がらせん状につながり、円筒形（チューブ）になった物質である。同じ量の鋼鉄と比べて80倍といわれる強度を持ち、軽くて弾性もある。また、直径や原子の配列によって電気伝導率が変わるという特性も持ち、目的に応じて電気を通しやすいCNT、電気を通しにくいCNTを作り分けることができるという優れものだ。

液晶ディスプレイの素子や半導体、自動車の部材、CNTを添加した合金など、幅広い分野への利用が研究されている。また、ロケットに変わる宇宙への輸送手段として構想されている「宇宙エレベーター」のワイヤーケーブルとしての利用も期待されている。まさに「夢の新素材」だ。

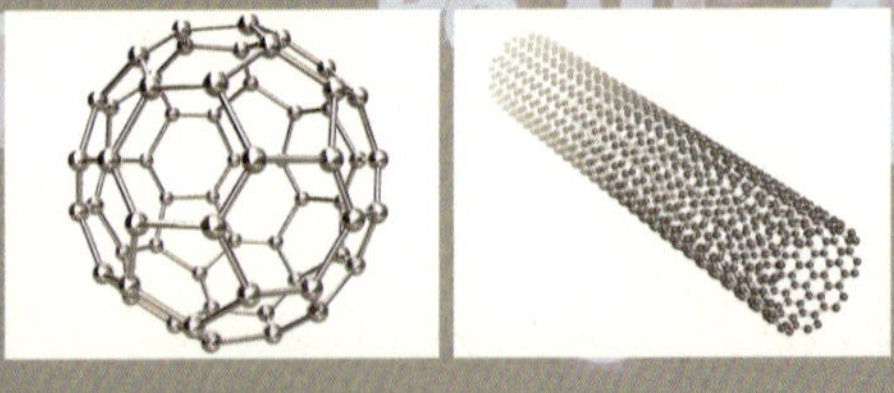

◀フラーレン(左)とカーボンナノチューブ(右)。

リチウムを使ったものとして、まず思い浮かぶのはバッテリーだろう。リチウムを陰極として利用したリチウムイオン二次電池（リチウム電池）は、容量あたりのエネルギー量（エネルギー密度）が高く、メモリー効果※がないなどの特徴を持っているため、ノートパソコンやスマートフォンなどのモバイル機器のバッテリーとして多用されている。また、ハイブリッド車や電気自動車、電動推進飛行機にも利用されており、世界的にも需要が高まっている。

▲ボリビアのウユニ塩原。面積は約1万1000平方キロメートルで、世界最大の塩原だ。その地下には、世界のリチウム埋蔵量の約半分が眠っていると考えられている。

一方、医療用途として、炭酸リチウムなどのリチウム塩が双極性障害（躁うつ病）の治療薬として使われている。リチウム塩がニューロン（神経細胞）内の酵素の働きを妨げ、化学反応を止めることで、双極性障害患者の過剰な活動を抑制することができるのだ。ただし、リチウム化合物は過剰に摂取すると腎臓障害などを引き起こす危険性もあるので、注意が必要だ。

▲大容量で軽量化が可能なリチウム電池は、モバイル機器や電気自動車などに用いられる。

※メモリー効果：電池容量が残っているうちに継ぎ足して充電を繰り返すと、少しずつ電圧が下がってしまう現象。ニカド電池やニッケル水素電池に見られる。

4
Be
Beryllium

ベリリウム

軽くて硬いが強い毒性を持つ元素

バネから宇宙望遠鏡まで広く使われる

ベリリウムは、緑柱石（ベリル）の成分として、1828年にドイツの化学者フリードリヒ・ウェーラーとフランスの化学者アントワーヌ・ビュシーによって発見された。元素名は、ギリシア語の「緑柱石（beryllos）」に由来する。なお、緑柱石の結晶は、不純物の割合によって青や緑、淡黄色となり、エメラルドやアクアマリンとして知られている。

ベリリウムは銀白色から灰色の金属で、大気中では金属表面に酸化皮膜を形成し、安定した状態になる。加熱すると光を放ちながら燃えて、酸化ベリリウムや窒化ベリリウムになる。

ベリリウムは軽くて剛性が大きく、高強度で融点も高いため、バネなどの工業部品に利用される。特に、銅にベリリウムを加えた合金のベリリウム銅は、銅のおよそ6倍の強度を持っており、強力なバネやハンマーなどの工具、精密測定機器、宇宙用部材として使われる。NASA（アメリカ航空宇宙局）のハッブル宇宙望遠鏡の後継となるジェイムズ・ウェッブ宇宙望遠鏡の主鏡は、ベリリウムで作られている。

原子番号4のベリリウムは、電子の数が少なく、原子核との距離も近いため、電子と原子核の結びつきが強く安定しており、X線を通しやすい。その性質を利用して、X線管からX線を取り出すための窓部分に使われる。また、軽水

分類：その他の金属
原子量：9.0121831
融点：1287℃
沸点：2472℃
発見年：1828年
発見者：F・ウェーラー（独）／A・ビュシー（仏）
名称の由来：ギリシア語の「緑柱石（beryllos）」

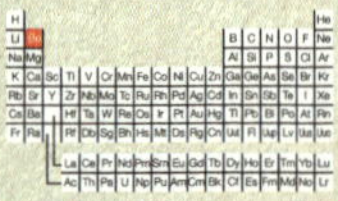

▲銀白色から灰色をした金属のベリリウム。安定した元素で、多分野で利用されているが、強い毒性も持っている。

▲ベリリウムで作られたジェイムズ・ウェッブ宇宙望遠鏡の主鏡。

▲ベリリウム、アルミニウム、ケイ素を主成分とし、ベリリウムの名の由来にもなった緑柱石。クロムやバナジウムが含まれ、美しい緑色に発色したものはエメラルドと呼ばれる。

や重水、炭素12とともに、中性子の減速材として、原子力発電所の原子炉などの原子力関連施設でも使われている。

強い毒性には要注意

ベリリウムとその化合物には甘みがあるとともに、非常に強い毒性を持つ。ベリリウムの粉末を吸い込むと、「ベリリウム症」と呼ばれる、食欲不振や呼吸困難、咳、発熱などの症状を引き起こす。ベリリウムの利用が始まった当初、加工工場などの従業員に多く見られた症状だったが、その原因物質としてベリリウムが特定されて以降は、安全対策が徹底されたことから、現在ベリリウム症患者はほとんど現れていない。

　このように、ベリリウムは利用範囲が広く、便利な元素である一方で、人体にとっては危険な毒性を持つ元素でもあるため、扱いには慎重さが求められる。

5
B
Boron

ホウ素

ダイヤモンドに次ぐ硬さを持つ

ホウ素は非金属（半金属）で、単体の元素としてはダイヤモンドに次ぐ硬度を持っている。また、熱膨張率が低いため、加熱しても変形量が少なく、耐熱性にも優れている。ホウ素を添加したガラスは、熱に強い耐熱ガラスとして、耐熱食器や実験器具などに使われている。

分類：非金属（半金属）
原子量：10.806
融点：2077℃
沸点：3870℃
発見年：1892年
発見者：アンリ・モアッサン（仏）
名称の由来：アラビア語の「ホウ砂（buraq）」

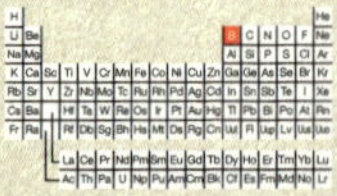

耐熱性に優れた性質を持つ

ホウ素は自然界に単体としては存在せず、ホウ砂やホウ酸石などのホウ酸塩鉱物、電気石などのホウケイ酸塩（ホウ素とケイ素の化合物）などの化合物から産出される。単体の元素として分離されたのは1892年のことで、フランスの化学者アンリ・モアッサンによる。

ホウ素の化合物であるホウ砂は天然に産出し、古くからガラスやエナメルの原料として使われてきた。ホウ素の英語名「Boron」は、ホウ砂が「buraq」（アラビア語で「白い」の意）と呼ばれていたことに由来するが、単体のホウ素は白ではなく黒灰色だ。

ゴキブリ退治にも活躍するホウ酸

ホウ素に水素と酸素が結びついたホウ酸は、かつてはホウ酸団子としてゴキブリの駆除に使われていた。ゴキブリに対してホウ酸がどのように作用するのか、詳細にはわかっていないが、ゴキブリの消化器系に作用して、脱水症状を引き起こすのではないかと考えられている。

◀ホウ素に水素と酸素が結びついたホウ酸。ホウ素は自然界に単体としては存在せず、このような化合物や合金として利用される。

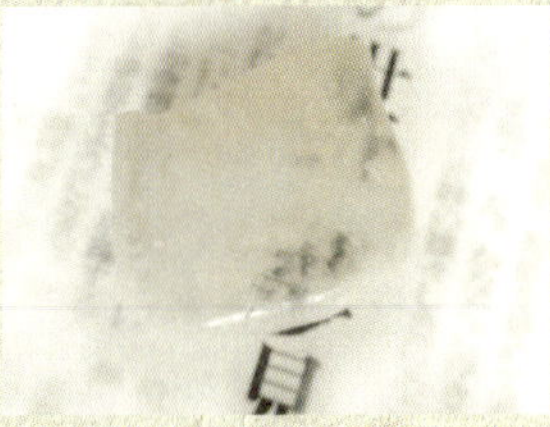

▲ホウ酸塩鉱物の曹灰硼石。文字などが書かれた紙の上に置くと下の文字が浮き上がって見えることから「テレビ石」とも呼ばれる。

▲ホウ素を加えた耐熱ガラスは急な加熱や冷却にも強く、実験器具に用いられている。

ほかにも、ホウ酸は医薬品として目の洗浄液やうがい薬に使われたりする。また、音の伝達速度が速いことから、スピーカーの振動板などの音響材料としても利用されている。

●「半金属」とは何か？

金属以外の元素を「非金属」と呼ぶが、それ以外に「半金属」を入れた３種類に分類することもある。半金属とは、金属と非金属の中間の性質を持った物質のことだ。半金属元素は、単体では金属と同様の金属光沢を持ち、金属と同じ電気伝導性があるが、金属に比べて電気抵抗率がかなり高く、半導体的な性質を持っている。

ただし、その定義は曖昧で、きちんとした分類基準は存在しない。一般的には、ホウ素、ケイ素、ゲルマニウム、ヒ素、アンチモン、テルルの６元素を指すが、これにセレン、ビスマス、ポロニウムが加わることもある。

6
C
Carbon

炭素

生命にとってもっとも重要な元素

黒鉛とダイヤモンドは同じもの？

炭素は、石炭や木炭、ダイヤモンドの成分として古くから知られており、特定の発見者はいない。炭素を表す英語の「carbon」は、木炭を意味するラテン語の「carbo」に由来する。炭素は水素、ヘリウム、酸素に次いで、４番目に存在量が多い元素である。

炭素でできているものの代表例が、ダイヤモンドと黒鉛だ。ダイヤモンドはすべての物質の中でもっとも硬く、熱伝導率も高いが、自由電子を持たないため電気を通さない。一方、黒鉛は軟らかく金属的な光沢を持ち、電気を通す。

ダイヤモンドと黒鉛が、同じ元素でできていながらまったく異なる性質を持っているのは、原子の並び方が異なるからだ。このように、同じ元素でできていても原子の配列や結合が異なるものを「同素体」と呼ぶ。ダイヤモンドは炭素原子が正四面体に積み重なった構造を持ち、黒鉛は網目状の六角形が並んだ構造をしている。

炭素は「生命の元素」

炭素の最外殻には電子が４つしかなく、４つの空席があるため、さまざまな元素と結合しやすい。地球上の物質として知られるおよそ７０００万種類のうち、90パーセントは炭素を含む化合物だといわれる。

私たちの身のまわりにあるタンパク質や糖、

分類：非金属
原子量：12.0096
融点：3550℃
沸点：4827℃
発見年：—
発見者：—
名称の由来：ラテン語の「木炭（carbo）」

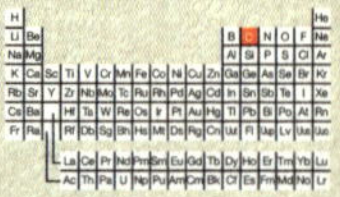

◀▲美しくカットされたダイヤモンド。もっとも硬度が高く、工業用の研磨剤などにも用いられるが、高熱にさらされると二酸化炭素になって消失してしまう。

▶(左)ダイヤモンドの原石。結晶は8面体が多く、8面体、12面体などもある。(右)炭素の同位体のひとつである黒鉛。鉛筆の芯や乾電池の合剤などに使用される。

アミノ酸、脂肪といった有機物も、すべて炭素化合物だ。つまり、私たちは毎日、肉類や穀物などの形で、炭素化合物を摂取していることになるのだ。これが、炭素が「生命の元素」と呼ばれるゆえんである。また、石油や石炭、天然ガスも、動物や植物に含まれる炭素が長い時間をかけて変化したものだ。

さらに、私たちが呼吸し、代謝によって吐き出される二酸化炭素も炭素化合物のひとつである。二酸化炭素には毒性がないことから、水に溶かして飲料水（炭酸水）にしたり、高い圧力をかけ、固体のドライアイスとして冷却に使ったりする。また、二酸化炭素は赤外線を吸収しやすく熱を保持しやすいという性質を持つため、温室効果※をもたらす温室効果ガスのひとつに数えられる。一方、同じ炭素化合物でも、一酸化炭素は体内に入ると血液中のヘモグロビンと結合し、酸素の運搬機能を低下させる危険な存在だ。

※温室効果：太陽からの熱が宇宙へ逃げず、大気中に保持されること。温室効果は地球温暖化の要因とされている。

7
N
Nitrogen

窒素

地球の大気のほとんどを占める気体

生物を窒息させる「だめな空気」

1772年、スコットランドの化学者ダニエル・ラザフォードが、単体としての窒素を分離した。このガスが充満した場所に生物を入れると窒息してしまうため、「だめな空気」と呼んだ。窒素のドイツ語「stickstoff」はこれに由来し、日本語はそれを訳したものだ。英語名の「nitrogen」は、ギリシア語の「硝石（nitrum）」と「生じる（gennao）」の組み合わせである。

窒素は二原子分子（32ページ参照）として存在し、通常、窒素といえば窒素ガスを指す。大気中でもっとも多い気体で、体積比で78・1パーセント、質量比で75・5パーセントを占めている。

土星の衛星タイタンには大気圏があり、そのほとんどが窒素で構成されている。タイタンは太陽系内で、地球以外に生命が存在する可能性が高いと考えられている天体のひとつだ。

窒素の沸点はマイナス195・8℃と低温であるため、液体窒素は冷却材として使われる。

植物と動物を循環する栄養素

窒素は生命にとって必要不可欠な元素のひとつだ。人体の中では、酸素、炭素、水素に次いで多く存在しており、約3パーセントを占める。ちなみに、これらにカルシウム、リンを含めた6元素を「多量元素」という。

体内にあるアミノ酸は窒素化合物のひとつで、

分類：非金属
原子量：14.00643
融点：−209.86℃
沸点：−195.8℃
発見年：1772年
発見者：ダニエル・ラザフォード（英）
名称の由来：ギリシア語の「硝石（nitrum）」と「生じる（gennao）」の造語

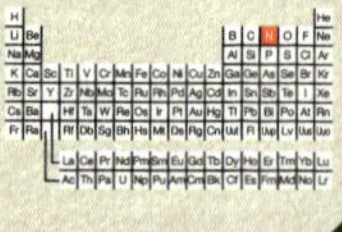

▼窒素はリン、カリウムと並び、肥料の三大要素に数えられる。植物の根に取り込まれた窒素は、それを食べた動物から再び大地に還り、新たな植物の肥料となる。

▲液体窒素をビーカーに入れると、気温が窒素の沸点よりも高いために沸騰し、気体に変化する。マイナス195.8℃を保つ冷却剤として、食品や試料の凍結保存に利用される。

アミノ酸が数珠つなぎになったものがタンパク質となる。アミノ酸同士を結びつけるのは窒素と炭素であり、窒素と炭素による結合を「ペプチド結合」という。

大気中の窒素は、マメ科の植物に共生する根粒バクテリアによってアンモニアに還元され、植物に取り込まれる。アンモニアは水素イオンと結びつき、硝酸アンモニウムや塩化アンモニウムなどになるが、これらは植物にとって欠かせない肥料となるのだ。

そして、植物に取り込まれた窒素は、やがて動物の食料となり、動物の排泄物や死骸が再び窒素化合物として大地に還り、新たな植物の糧となる。こうした循環を「窒素循環」と呼ぶ。

そのほか、窒素の化合物であるニトログリセリンは爆薬の原料だが、分解されて生じる一酸化窒素に冠動脈を広げる作用があるため、狭心症の薬としても用いられる。

8
O
Oxygen

酸素

大気や水を構成する身近な元素

誤解から生まれた酸素の名前

単体の酸素は無色無臭で、通常は二原子分子の気体として存在する。1772年にスウェーデンの化学者カール・ヴィルヘルム・シェーレが、1774年にイギリスの化学者ジョゼフ・プリーストリーが、それぞれ酸素を分離している。1779年には、フランスの化学者アントワーヌ・ラヴォアジエが、呼吸と燃焼における酸素の役割を解明している。

酸素という名称は、「すべての酸には酸素が含まれている」という考えから、ギリシア語の「酸（oxys）」と「生じる（gennao）」を組み合わせてつけられた。だが、のちにこの考えは誤解であることが判明している。

大気中には酸素が体積比で21パーセント、質量比で23パーセント含まれている。宇宙における存在量も、水素、ヘリウムに次いで多い。酸素の最外殻には電子が6個しかなく、ふたつの空席があるため、他の元素と反応しやすい。たとえば、水素がふたつあればその空席を埋めることができるので、「$O + 2H \rightarrow H_2O$」という反応が起こって水になるのだ。

毒を利用するために進化した生命

現在、地球上には酸素がふんだんに存在するが、誕生したばかりの地球には酸素は存在しなかった。やがて、初期の生命であるシアノバク

分類：非金属
原子量：15.99903
融点：−218.4℃
沸点：−182.96℃
発見年：1772年
発見者：カール・W・シェーレ（スウェーデン）
名称の由来：ギリシア語の「酸（oxys）」と「生じる（gennao）」の造語

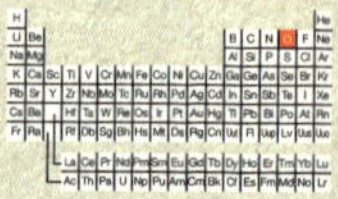

テリアが登場し、光合成によって水と二酸化炭素から酸素が作られるようになった。そうして数億年から数十億年という長い時間をかけて、地球上に酸素が広がっていったのである。

しかし、実は生命にとって酸素は〝毒〟だ。たとえば、過酸化水素、別名エタノールは消毒薬や漂白剤として利用されている。生命は、毒である酸素をエネルギーに変える働きを持つミトコンドリアを体内に取り込むことで、真核生物へと進化した。呼吸によって体内に取り込まれた酸素はヘモグロビンと結合し、体内のすみずみまで運ばれて、細胞でエネルギーへと変換される。

また、酸素の同素体であるオゾンも、生命進化に大きくかかわっている。太陽の紫外線の作用によって地球を覆うオゾン層が形成され、過剰な紫外線が吸収されるようになったことで、生物は海から陸上へと進出できたのである。

▲過酸化水素水は薄めて消毒薬として使われる。傷口を消毒すると泡が出るのは、体内の酵素で分解し、酸素ガスと水になるためだ。

▼酸素とケイ素を主成分とする魚眼石。

▲シアノバクテリアが砂粒に付着してできたストロマトライト。シアノバクテリアの光合成によって、地球に酸素が誕生した。

9
F
Fluorine

フッ素

さまざまな元素と反応するハロゲン

分類：ハロゲン
原子量：18.998403163
融点：－219.62℃
沸点：－188.14℃
発見年：1886年
発見者：アンリ・モアッサン（仏）
名称の由来：ラテン語の「流れる（fluere）」

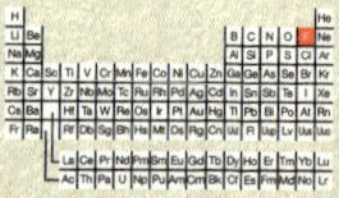

困難を極めたフッ素の単体分離

フッ素は単体では自然界に存在しない。単体のフッ素は二原子分子で、淡い黄緑色のガスだ。激しい化学反応を起こしやすいため、単体として分離することは非常に困難だった。多くの化学者がフッ素の単体分離を試みたが、初めて成功したのはフランスの化学者アンリ・モアッサンだ。1886年に行った実験で、電気分解によるフッ素の分離に成功し、のちに彼はこの功績が認められてノーベル賞を受賞している。

フッ素の英語名は、フッ素を含む鉱石である蛍石からきている。蛍石は鉄を溶かす働きを持つため、蛍石の英語名「fluorite」はラテン語の「流れる（fluere）」に由来する。日本語名はドイツ語名の1文字目を音訳したものだ。

フッ素は周期表の中で第17族、ハロゲンと呼ばれる非金属元素である。また、すべての元素の中で、もっとも電子を引き寄せやすい性質を持っていることから反応性が高く、ヘリウムとネオン以外のすべての元素と反応する。扱いは非常に難しいが、工業用として広く利用されている。

日用品にも利用されている元素

フッ素の有機化合物は「フロン類」と呼ばれ、冷蔵庫の冷媒や高分子洗浄剤、医薬品、農薬などに使われてきた。だが、フロン類全般、特に

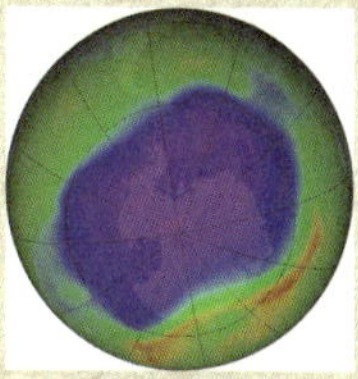

▲2006年9月に撮影された南極上空のオゾンホールの様子。オゾンホールが問題視されるのは、オゾンがなくなると、生物に有害な紫外線が地上に降り注ぐ危険性があるからだ。

▲フッ素は自然界に単体では存在せず、写真の蛍石や氷晶石などに含まれている。蛍石は含有する不純物などによって、緑や紫など多彩な色合いを見せる。

◀フッ素と炭素の化合物であるフッ素樹脂は、調理器具などに利用される。

「特定フロン類」のフロン11やフロン12は、大気中に放出されると紫外線によって塩素酸化物に変化し、オゾンから酸素原子を取り去って破壊してしまう。現在、フロン類はオゾン層破壊の要因として、回収が義務づけられている。

フッ素の身近な利用例としては、フッ素樹脂（商品名：テフロン）がある。耐熱性・耐薬品性に優れているため、フライパンや鍋のコーティング材として使われている。

また、フッ化ナトリウムは歯の再石灰化を促進して丈夫にする効果があるといわれている。食事などにより酸性に変わった口内で、歯のカルシウム分が溶け出す作用を防ぐのだ。このことから、虫歯予防としてフッ素を含有した歯磨き粉も市販されている。海外では、水道水にフッ素を添加する例もある。ただし、フッ素を過剰に摂取すると、代謝障害などを起こす危険性も指摘されているので、注意が必要だ。

10
Ne
Neon

ネオン

街の夜を鮮やかに彩る希ガス

存在が予言されていた元素のひとつ

１８６９年にメンデレーエフが提唱した周期表には、ヘリウムとアルゴンの間に空欄がひとつあった。１８９８年、イギリスの化学者ウィリアム・ラムゼーは、モーリス・トラバースとともに液体になるまで冷却した空気を、分留[※1]を繰り返してネオンを分離した。ネオンの名称は「周期表で予言された新しい元素」という意味で、ギリシア語で「新しい」を意味する「neos」にちなんでつけられた。

ネオンは、周期表の第18族、希ガス（不活性ガス）に属する、無色透明で無臭の気体だ。希ガスの中ではヘリウムに次いで軽い。最外殻に電子が8個ある閉殻構造を持ち、ヘリウムやアルゴンと同様、化学的には不活性の安定した元素である。

ネオンの特徴のひとつに、気体／液体比率の大きさが挙げられる。多くの液体は、気体になる（気化する）と体積が５００～８００倍になるが、ネオンは１４００倍にも膨張する。貯蔵や輸送に有利なため、液体の形で運んで、輸送先で酸素と混合し、人工空気として役立てられている。また、沸点が低く、大量の気化熱を奪うため、極低温用の冷媒としても利用される。

パリを彩ったネオンサインの広告塔

ネオンといえば、真っ先に看板や広告に使わ

分類：希ガス
原子量：20.1797
融点：－248.67℃
沸点：－246.048℃
発見年：1898年
発見者：W・ラムゼー＆M・トラバース（英）
名称の由来：ギリシア語の「新しい（neos）」

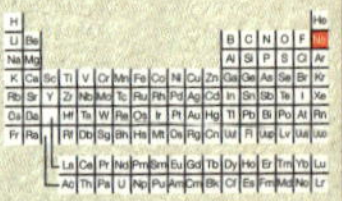

※1　分留：複数の元素が混在した物質から、それぞれの沸点の違いを利用して別々の物質に分ける方法。分別蒸留。

▲ネオンは無色透明だが、ガラス管に封入して電圧をかけると、赤～オレンジ色に発光する。それ以外の色を出すには、アルゴンやキセノン、水銀ガスなどを利用する。

▶ガラス管を使ったネオンライトは加工が容易で、さまざまなデザインが施せることから、世界中で看板や広告に利用されている。

れる「ネオンサイン」を思い浮かべる人が多いだろう。

ネオンを封入した放電管に電圧を加えると、ネオンの電子が励起状態※2となる。それが元の基底状態に戻る過程で赤い光を放つ。この特性を利用した発光装置がネオンサインで、1910年にフランスの技術者ジョルジュ・クロードによって作られた。1912年には、パリのモンマルトルで世界初のネオンサインを使った広告塔が登場している。

総じてネオンサインと呼ばれているが、ネオンだけを使っているわけではなく、アルゴンやキセノンなど、ネオンと同様に発光する希ガスを使ったもの、あるいは水銀などを添加したガスや放電管の内側に蛍光体を塗るなどして、さまざまな色に発光させている。ネオンサインは消費電力が少ないことでも重宝されたが、近年ではその座をLEDに奪われつつある。

※2　励起状態：量子力学において、エネルギーのもっとも低い状態を「基底状態」と呼び、それよりも大きなエネルギーを持つ状態。

11
Na
Sodium

ナトリウム

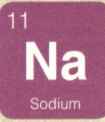

「食塩」の成分として知られる元素

水と激しく反応するナトリウム

ナトリウムは、イギリスの化学者ハンフリー・デービーが、1807年に水酸化ナトリウムを電気分解することで、初めて単体分離に成功した。デービーはその数日前に、同様の手法で金属カリウムの抽出に成功している。

ナトリウムはラテン名であり、ラテン語の「炭酸ナトリウム（natron）」に由来する。ドイツと日本ではナトリウムと呼ばれるが、英語では「sodium」と呼ばれ、その由来はアラビア語の「頭痛薬（suda）」といわれている。

単体のナトリウムは軟らかい銀色の金属で、水に浮くほど軽い。水に激しく反応して熱を発し、水酸化ナトリウムと水素ガスに変化する。この水酸化ナトリウムにはタンパク質を分解する作用があり、肌に触れると炎症を起こす。そのため、ナトリウムは石油に浸して保存し、取り扱う際には皮膚や目を保護する必要がある。

ナトリウムを含んだ水溶液を炎の中に入れると、「炎色反応」と呼ばれる現象によって黄色に光る。これを利用したのが、高速道路のトンネル内照明などに使われている「ナトリウム灯」だ。また、花火で黄色の色合いを出す際に、ナトリウムが用いられている。

さまざまな塩類に変化する

ナトリウムと聞いて最初に思い出すのは、い

分類：アルカリ金属
原子量：22.98976928
融点：97.81℃
沸点：883℃
発見年：1807年
発見者：ハンフリー・デービー（英）
名称の由来：ラテン語の「炭酸ナトリウム（natron）」

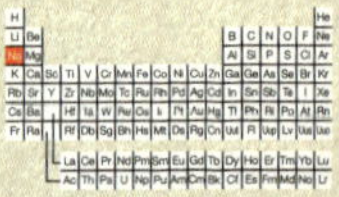

▼(上)花火の黄色い色合いは、ナトリウムの炎色反応を利用したものだ。(下)「重曹」の名前で知られる炭酸水素ナトリウム。料理や掃除、脱臭など、家庭で広く利用されている。

▲単体のナトリウムは銀色の金属で、ナイフで切れるほど軟らかい。写真は塩化ナトリウム、いわゆる「岩塩」で、無色透明の結晶体をなしている。

わゆる「塩」だろう。ナトリウムの最外殻には電子が1個あるが、失われやすいため、陽イオンとなってさまざまな塩類を作る。私たちの生活になじみ深い塩化ナトリウムをはじめ、水酸化ナトリウムは「苛性ソーダ」として、石けんや化学薬品、パルプなどの製造に利用される。ベーキングパウダーや中和剤などとして家庭でも使われることの多い「重曹」は、炭酸水素ナトリウムのことだ。

　食塩として体内に取り込まれた塩化ナトリウムは、陽イオンのナトリウムイオンと陰イオンの塩素イオンに分解して、体内に広く分布する。そこで細胞の浸透圧を調整したり、筋肉の動きや消化を助ける働きをする。特に、神経の信号伝達では、ナトリウムイオンが重要な役割を果たす。ニューロン（神経細胞）にナトリウムイオンが流れ込むことで、電流が発生し、その刺激が電気信号として伝わるのだ。

12
Mg
Magnesium

マグネシウム

植物の光合成と人体の機能に必須の元素

アルミニウムより軽い金属元素

マグネシウムの発見に関しては、1755年に熱分解で酸化マグネシウムを分離したスコットランドの化学者ジョゼフ・ブラックを発見者とする以外に、1808年に電気分解により、アマルガム（水銀との合金）として分離したイギリスの化学者ハンフリー・デービーを発見者とする説もある。純粋な金属マグネシウムを抽出したのは1828年、フランスの化学者アントワーヌ・ビュシーによる。元素名は、マグネシウム鉱石が産出されたギリシアのマグネシア地方にちなんで、デービーが名づけたものだ。

マグネシウムは単体では自然に存在せず、塩類や鉱物の形で広く分布している。地殻に含まれる元素としては7番目に多い。また、金属元素としてはリチウム、ナトリウムに次いで3番目に軽く、アルミニウムの3分の1の重さだ。

生物にとって必須常量元素のひとつ

マグネシウムは生物に必要な元素のひとつで、特に植物では光合成を行うために重要な役割を果たしている。植物の葉緑体にある「クロロフィル」は、その構造の中にマグネシウムを持っており、光エネルギーから有機物を合成する作用を助けているのだ。

人間の体内では、タンパク質や核酸（DNAとRNA）などの合成酵素を活性化させる。ま

分類：その他の金属
原子量：24.304
融点：650℃
沸点：1095℃
発見年：1755年
発見者：ジョゼフ・ブラック（英）
名称の由来：ギリシアの地名「マグネシア（Magnesia）」

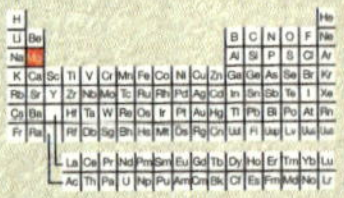

▲マグネシウムは銀白色の金属で、主に合金に用いられており、航空機や自動車、宇宙船などの素材、電子機器の外装として利用されている。

▶(左)炭酸マグネシウムと炭酸カルシウムを主成分とする苦灰石。(右)器械体操や重量挙げ、クライミングなどの際に、滑り止めに使われる粉は炭酸マグネシウムだ。

た、筋肉を動かすエネルギーとなるＡＴＰ（アデノシン三リン酸）の活性に影響を与えるため、マグネシウムが不足すると筋肉のふるえや脈の乱れが起きる。

一方、豆腐を固める際に使われる「にがり」は、塩化マグネシウムを主成分としている。そのほか、肥料や膨張剤、下剤としてもマグネシウムの化合物が利用されている。

マグネシウムの粉体は非常に燃えやすく、取り扱いには注意が必要だ。マグネシウム粉体は、加熱すると白い閃光を放って燃える。この特性から、以前はカメラ用のフラッシュ（ストロボ）として利用されていた。現在でも、花火の火薬として使われている。

さらに、マグネシウムは燃焼しても二酸化炭素を発生させないため、次世代エネルギーとしても注目されるほか、難燃性マグネシウムをバッテリーとして活用する研究も進められている。

13
Al
Aluminium

アルミニウム

かつては貴重品として扱われていた

古代エジプトで染色剤などとして利用されていたミョウバンに金属が含まれていることを発見し、アルミンと名づけたのはフランスの化学者アントワーヌ・ラヴォアジエだ。そのミョウバンから、1807年にイギリスの化学者ハンフリー・デービーがアルミニウム酸化物を分離し、「アルミウム（Alumium）」と名づけた。のちに、「アルミナム（Aluminum）」と呼ばれるようになり、それが英語名になった。なお、「アルミニウム（Aluminium）」は、古代ギリシアやローマでミョウバンを「Almen」と呼んでいたことに由来している。

1825年、デンマークの物理学者ハンス・エルステッドが、アルミニウムの単体分離に成功。1888年に製造法が確立するまで、アルミニウムは貴重品と考えられており、1855年のパリ万博では、「粘土から得た銀」として展示されたほどだ。

利用用途の広い便利な金属

アルミニウムは人間の生活にとって便利な特性を持つ金属だ。1円硬貨やアルミホイル、アルミ缶など、身のまわりにはアルミ製の製品がたくさんある。

アルミニウムは比重が小さく、鉄の3分の1と軽い。アルミニウムに銅やマグネシウムを混

分類：その他の金属
原子量：26.9815385
融点：660.323℃
沸点：2520℃
発見年：1807年
発見者：ハンフリー・デービー（英）
名称の由来：ギリシア、ローマの「ミョウバン（alumen）」

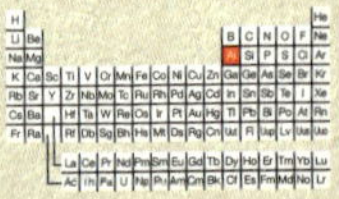

▲アルミニウムの重要な原料鉱石であるボーキサイト。

▲天然の酸化アルミニウムの結晶の中で、鉄やチタンを含んで青色になったものがサファイア、クロムイオンを含んで赤色になったものがルビーとなる。

▲アルミニウムは銀白色の金属で、金属元素としてもっとも多く存在し、地殻中には酸素、ケイ素に次いで3番目に多い。

合した合金は「ジュラルミン」と呼ばれ、軽いうえにひっぱり強さ※も大きいため、航空機の機体やスーツケースなどに使われている。

　加工も容易で、アルミホイルのように薄い紙状に加工することもできる。酸化しやすいが、空気中では表面に酸化アルミニウムの薄膜が形成されるため、内部までは侵されない。つまり、腐食しにくいのだ。

　銅や銀に比べると電気伝導性はそれほどでもないが、比重が小さい（軽い）ため、同じ重量であればより多くの電気を流すことができる。そのため、送電線の9割にはアルミニウムが使われている。また、熱伝導率が高く、熱を放出するためのヒートシンクやエンジン部品に使われる。身近なところでは、鍋ややかんといった調理器具に用いられている。さらに、光や熱をよく反射し、低温にも強いことから、人工衛星の部品としても利用される。

※ひっぱり強さ：材料をひっぱったときに、破壊にいたるまでの最大の応力。

14
Si
Silicon

ケイ素

半導体の素材として現代社会を支える

地球上に豊富に存在する元素

ケイ素の英語名「silicon」はラテン語の「硬い石、火打ち石（silex）」に由来する。日本では「珪素（硅素）」や「シリコン」などと呼ばれている。

1823年、スウェーデンの化学者イェンス・ベルセリウスによって単体に分離された。また、純粋なケイ素結晶は、フランスの無機化学者サント・クレール・ドービルによって、1854年に作られたといわれている。

ケイ素は、酸素に次いで2番目に多い地殻内元素だ。ケイ素酸化物やケイ素塩の形で、石英や長石、水晶（結晶化した石英）、ザクロ石、オパール、雲母、石綿（アスベスト）などの鉱石に含まれている。

水晶の薄膜に電気刺激を与えると、正確に振動する。その性質を利用して、「水晶振動子」いわゆる「クォーツ」として精密機器や時計に組み込まれる。また、水晶は圧力を加えると電圧が変化するため、ライターなどの点火装置に使われる。

半導体の代表的な素材

ケイ素の電気伝導率は、光の有無や不純物の量、温度の変化によって変化する。すなわち「半導体※」の性質を持っているのだ。この性質を利用したものが集積回路（ＩＣ）であり、大

分類：非金属（半金属）
原子量：28.084
融点：1412℃
沸点：3266℃
発見年：1823年
発見者：J・ベルセリウス（スウェーデン）
名称の由来：ラテン語の「硬い石、火打ち石（silex）」

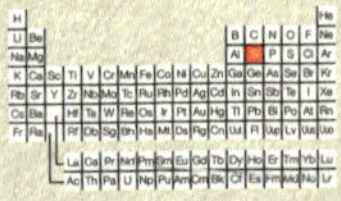

▼（上）二酸化ケイ素が結晶化した石英にはさまざまな種類がある。写真は紫水晶（アメジスト）。（下）ケイ素から作られる乾燥剤の「シリカゲル」。

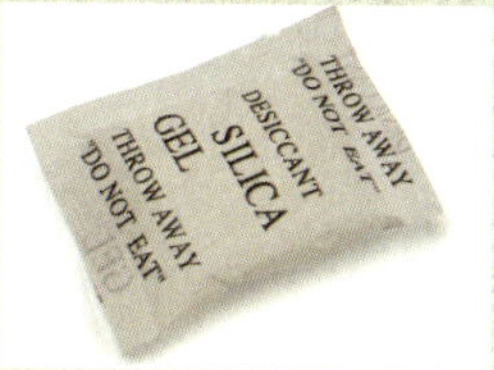

▲やや暗い銀色の金属光沢を持つケイ素。自然界に単体では存在せず、多くは酸素と結びついて鉱石に含まれている。

規模集積回路（ＬＳＩ）である。ＩＣやＬＳＩは、パソコンや電子機器にとって欠かせない部品だ。つまり、ケイ素は現代社会を支える元素といえる。先端企業が集まったアメリカ・カリフォルニア州北部を「シリコンバレー」と呼ぶのも、こうした背景からである。

ケイ素の半導体特性は、太陽電池にも利用されている。ケイ素を主とした結晶の層が、太陽光を受け取ると電子をやりとりすることで、電気の流れを生むのだ。

また、地盤改良に使われる水ガラスは、ケイ素の化合物であるケイ酸ナトリウムを水中で加熱して作る。さらに水ガラスを乾燥させると、乾燥剤として使われる「シリカゲル」になる。

そのほか、炭素と結びついた「シリコーン」（単体元素としての「シリコン」とは別物である）は、医療用素材やコンタクトレンズなどに使われている。

※半導体：電気を通しやすい「導体」と電気を通さない「絶縁体」の中間の性質を備えた物質。

15
P
Phosphorus

リン

さまざまな色の同素体を持つ元素

体内に多く存在する必須常量元素

リンの発見は1669年と古く、ドイツの錬金術師ヘニッヒ・ブラントが「賢者の石」を作り出そうとして、尿を蒸発させた後の残留物を空気が遮断された状態で加熱したことにより抽出された。生物（ヒト）から元素を発見したケースは非常に希である。

リンの英語名「Phosphorus」は、ギリシア語の「光をもたらすもの（phosphoros）」という意味の言葉に由来する。リンが光を放つからだ。

リンは、人間にとって必須常量元素のひとつであり、体内には化合物の形で存在する。遺伝を司るDNA（デオキシリボ核酸）にもリンが含まれるほか、体内でエネルギーを生み出すATP（アデノシン三リン酸）もリン酸化合物だ。また、リン酸カルシウムの一種であるハイドロキシアパタイトは骨や歯に含まれている。ちなみに、墓地で目撃される、いわゆる「人魂」は、埋葬された骨などから大気中に放出されたリンが光を放ったものという説もある。

カラフルなリンの同素体たち

リンにはいくつかの同素体があり、それぞれ「白リン」「赤リン」「紫リン」「黒リン」「紅リン」と、カラフルな名前がついている。

白リンは最初に発見されたリンで、正四面体の分子構造を持つ、透明なロウ状の固体だ。大

分類：非金属
原子量：30.973761998
融点：44.15℃（白リン）
沸点：280.5℃（白リン）
発見年：1669年
発見者：ヘニッヒ・ブラント（独）
名称の由来：ギリシア語の「光をもたらすもの（phosphoros）」

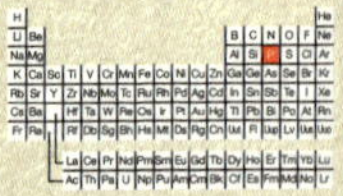

▼(上)リンの中でも一般的な赤リン。(下)リンの主要鉱石のひとつであるフッ素燐灰石。

▲マッチは、マッチ箱の側面に塗られた赤リンとの摩擦によって発火する。かつてマッチの頭薬には白リンが使われていたが、自然発火事故や健康被害の問題から、現在は製造禁止になっている。

気中では約50℃になると自然発火するため、水中で保管する。リンの同素体の中で、唯一強い毒性を持っており、肌に付着すると炎症を起こすので、取り扱いには注意が必要だ。それ以外の同素体は、自然発火はしない。

赤リンは、紫リンと白リンの混合物で、赤褐色の固体だ。マッチ箱の側面には赤リンが塗られており、マッチの発火剤として使われている。赤リンが用いられる以前には発火剤はなく、白リンがマッチ先端の頭薬に使われていた。西部劇映画などで見たことがあるという人もいるだろうが、靴底でも壁でも、どこかにこすれば着火する手軽さだった。しかし、自然発火する危険性があるため、現在は製造が禁止されている。

また、以前は「黄リン」と呼ばれる物質もあったが、これは白リンの表面に赤リンが薄い皮膜を作ったことで、淡黄色に見えたにすぎないことが判明している。

16
S
Sulfur

硫黄

温泉地特有の臭いのもととなる元素

硫黄そのものは臭くない?

硫黄は単体の形で天然に存在し、炭素やスズ、鉄などと同じように古くから知られた元素だ。英語名の「sulfur」は、サンスクリット語の「燃えるもの」に由来するラテン語の「硫黄(sulpur)」から名づけられた。

火山の火口付近に黄色い物質が露出していることがあるが、あれが硫黄、もしくは硫黄の化合物だ。火山の多い日本では、硫黄は輸出品のひとつでもある。一般の人にとっても、温泉街などに漂う独特な臭いを嗅ぐと、「硫黄の臭いだ」とわかるくらい、なじみがある元素だろう。ただし、単体の硫黄は無臭である。火口や温泉の近くで臭う、卵が腐敗したような臭い(腐卵臭)の正体は、硫黄と水素の化合物である硫化水素なのだ。いわゆる悪臭のひとつで、下水処理場やごみ焼却場などでも発生する。

この硫化水素には、目や皮膚、粘膜を刺激する毒性があり、小量であれば問題はないが、高濃度の硫化水素を吸い込むと死にいたる。自殺などに用いられて二次被害を起こすことから、社会問題にもなっている。

酸性雨の原因物質

硫黄は必須アミノ酸のひとつ、メチオニンにも含まれている。体重70キログラムの成人なら、体内に175グラムの硫黄が存在する。

分類:非金属
原子量:32.059
融点:112.8℃
沸点:444.674℃
発見年:―
発見者:―
名称の由来:ラテン語の「硫黄(sulpur)」

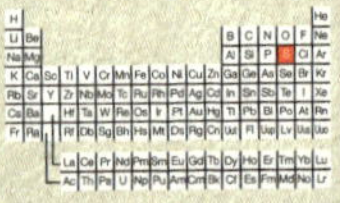

▲（上）自然硫黄の採掘地として知られるインドネシアのカワ・イジェン火山。（下）同火山で夜間に見られる青い光は、噴出する硫黄のガスが発火したものだ。硫黄は酸素中で燃やすと青色の炎をあげる。

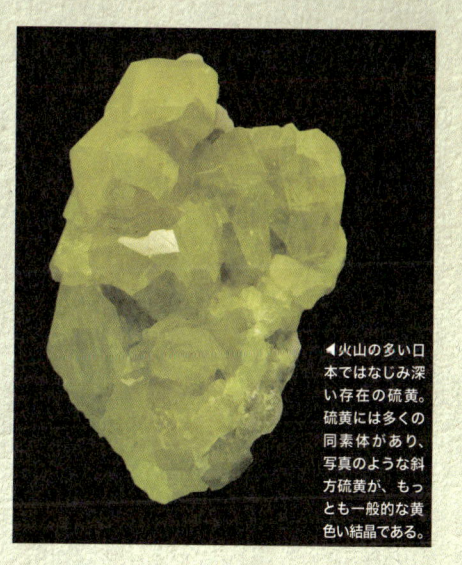

◀火山の多い日本ではなじみ深い存在の硫黄。硫黄には多くの同素体があり、写真のような斜方硫黄が、もっとも一般的な黄色い結晶である。

ネギやタマネギ、ニンニク、キャベツなどにも硫黄化合物が含まれており、その臭いのもととなっている。タマネギやニンニクに刺激があるのも、硫黄化合物の作用によるものだ。

生ゴムに硫黄を加えるとゴムの弾性が増すため、一般的なゴムタイヤは、生ゴムに硫黄と強度を増すための炭素を加えて作られる。また、生ゴムに30パーセントの硫黄を加えると、硬くて光沢のある黒褐色のエボナイトになる。

硫黄を加熱して作る二酸化硫黄は亜硫酸ガスとも呼ばれ、殺菌剤や漂白剤として利用される。また、二酸化硫黄と過酸化水素を反応させれば、硫酸を生成できる。

また、石油や天然ガスにも硫黄が含まれている。ガソリンや灯油を燃やすと、硫黄が二酸化硫黄となり、さらに大気中の水と反応して硫酸を作り出す。これが酸性雨となって、森林や生態系に影響を与えてしまうのだ。

17
Cl
Chlorine

塩素

強い漂白・殺菌作用と毒性を持つ

分類：ハロゲン
原子量：35.446
融点：－100.98℃
沸点：－34.05℃
発見年：1774年
発見者：カール・W・シェーレ（スウェーデン）
名称の由来：ギリシア語の「黄緑色（chloros）」

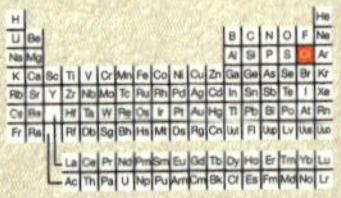

かつては「塩」として知られていた

1774年、スウェーデンの化学者カール・ヴィルヘルム・シェーレが、二酸化マンガンに塩酸を加えることで、初めて単体の塩素の気体（塩素ガス）を抽出した。当時、塩素ガスは化合物と考えられており、それから40年近く経過した1810年になって、ようやくイギリスの化学者ハンフリー・デービーが元素として認識した。デービーは、塩素ガスが黄緑色だったことから、ギリシア語で「黄緑色（chloros）」を意味する言葉にちなんで名づけた。

一般的に塩素といえば、2個の塩素原子が結びついた塩素ガスを表す場合が多い。塩素ガスは黄緑色で、液体になると淡い黄色、固体になると白っぽい黄色になる。

塩素ガスは毒性があり、高濃度の塩素がノドや鼻、肺に作用して、充血や呼吸困難などを引き起こす。第1次世界大戦では、ドイツ軍が塩素ガスを毒ガスとして使用し、多くのフランス兵が犠牲になった。これが、人類が初めて使用した化学兵器である。

生活用品でも、塩素を含む漂白剤と酸性の洗剤を混ぜると塩素ガスが発生する。「まぜるな危険」の注意は、塩素ガスに対する警告なのだ。

塩素化合物の表と裏

塩素は単体では存在せず、金属・非金属、有機物と反応して化合物となっている。もっとも身近な塩素化合物は塩化ナトリウムだ。「食塩」というほうがわかりやすいだろう。その名の通り、塩素とナトリウムの化合物である。

ほかには、たとえばプラスチックのひとつ、ポリ塩化ビニル（ＰＶＣ）も塩素の化合物だ。俗に、塩化ビニールや塩ビと呼ばれている。耐環境性が高いため、利用範囲は非常に広く、配管（塩ビ管）や梱包材、消しゴム、レコード盤、ソフトビニール人形など、数多くの日用品に使われている。

しかし、塩素化合物の中には強い毒性を持ち、環境を破壊するものも多い。ポリ塩化ビニルを焼却する際に発生するダイオキシンは、その代表例といえるだろう。また、ポリ塩化ビフェニル（ＰＣＢ）は、１９６８年に西日本を中心に発生した米ぬか油による大規模な食中毒事件、いわゆる「カネミ油症事件」の原因である。

▲塩素は反応性が高いため、自然界ではさまざまな元素と反応して化合物になっている。写真は塩化カルシウムで、空気中の水分を吸湿する性質を利用し、除湿剤や融雪剤などに用いられる。

▶(左)ポリ塩化ビニルは耐候性、耐薬品性などに優れ、配管から家庭用品まで幅広く利用される。(右)水道水やプールの殺菌剤にも塩素が使われている。

18
Ar
Argon

アルゴン

蛍光灯に使われる不活性ガス

アルゴンは「怠け者」の元素？

イギリスの物理学者レイリーは、空気から生成した窒素ガスがアンモニアから生成した窒素ガスよりも重い（密度が大きい）ことを、1892年に論文として発表した。論文を読んだ化学者ウィリアム・ラムゼーが研究に参加し、1894年にアルゴンを発見した。その後、ふたりはそれぞれノーベル物理学賞、ノーベル化学賞を受賞している。

しかし、レイリーよりも前に、水素を単離した物理学者ヘンリー・キャベンディッシュがアルゴンの存在に気づいていたことが、彼の残した文献からわかった。彼は1785年にレイリーと同様の実験を行い、未知の気体が空気に含まれていると気づいたが、それがどんなものなのかは追求しなかったのだ。なお、レイリーは1879年から1884年まで、キャベンディッシュの功績を讃えて設立されたキャベンディッシュ研究所の2代目所長を務めている。

アルゴンという名称は、ギリシア語で「怠惰な、なまけもの」という意味の単語「an（否定語）＋ergon（働く）」にちなんで名づけられた。

蛍光灯を安定して光らせるガス

アルゴンは周期表の第18族、希ガスと呼ばれる、反応性の低い、無色透明で無臭の不活性ガスで、空気よりも1・4倍重い。大気中では窒

分類：希ガス
原子量：39.948
融点：−189.2℃
沸点：−185.86℃
発見年：1894年
発見者：レイリー＆W・ラムゼー（英）
名称の由来：ギリシア語の「怠惰な（an＋ergon）」

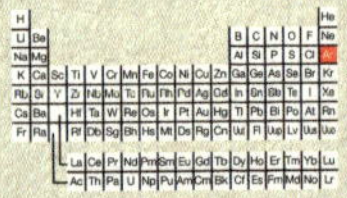

◀不思議な光を放つプラズマボール。中にはアルゴンやネオンなどの不活性ガスが封入されている。アルゴンは無色の不活性ガスだが、高電圧をかけると青色に発光する。

▶（左）アルゴンは溶接部分の酸化防止にも利用される。（右）蛍光灯が安定して光るのは、封入されたアルゴンの働きで、放電が一定に保たれるからだ。

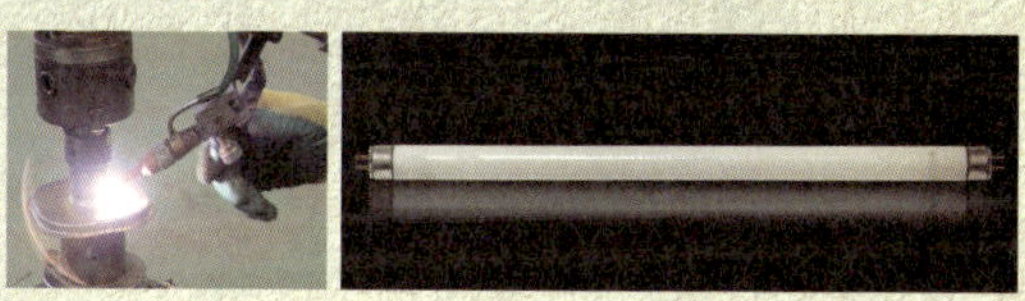

素、酸素に次いで3番目に多く、体積比の約1割を占めている。希ガスの中でもっとも多く存在する元素だ。

　アルゴンは、蛍光灯や電球、真空管などの封入ガスとして利用される。ガラス管の内部に蛍光体を塗布し、両端に電極を配置、中に水銀蒸気とアルゴンを充填したものが蛍光管で、電圧をかけると電極から放電が起こり、電子が飛び出す。電子が水銀原子にぶつかると紫外線が放出され、それが蛍光体に当たって発光するしくみだ。不活性ガス以外を使うと、一気に大量の電流が流れてしまうが、アルゴンが充填されていることで、電子の放出量が一定に保たれているのだ。

　溶接作業では、溶接部分の酸化を防ぐために、アルゴンをシールドガスとして利用する。また、医療現場では緑内障の手術などに使うアルゴンレーザーなどの医療器具に利用されている。

身近にある恐怖の物質「DHMO」

「DHMO（ジハイドロジェン・モノオキサイド）」という物質をご存じだろうか？　身近に存在し、次のような特徴を持っている。

・酸性雨の主成分である
・地形の浸食を引き起こす
・大量に摂取すると中毒になり、死にいたる場合もある
・電気事故の原因となる
・やけどの原因となる

なんとも恐ろしい物質だと思うだろう。実は、「DHMO」とは訳せば「一酸化二水素」、つまりただの「水（H_2O）」のことだ。これは、水の性質を限定的に伝えることで否定的な印象を与えるネタ、ジョークなのだ。

どんなことでも、視点を変えれば否定的にも肯定的にもなるという実例だが、ここで指摘したいのは「それらしい言葉に騙されるな」ということだ。世の中の広告には、聞き慣れない言葉で効果をうたうものが少なくない。きちんと科学的に立証されているものであればいいが、「なんとなくよさそう」な言葉のイメージだけで使われているものもあるのだ。

水関連では、もうひとつ有名なトンデモ話がある。「水からの伝言」という、一時は道徳の副読本にまで掲載されてしまった話だ。その内容は、「優しい言葉をかけた水は凍らせるときれいな結晶になり、悪い言葉をかけた水の結晶は汚くなる」というものだ。もちろん科学な根拠はなく、立証された話でもない。そもそも水が言葉を理解することなどあり得ないのだ。それでも「耳に心地よい」という理由で信じてしまう人が少なからずいる。イイ話だからといって、騙されてはいけないのである。

第2部
元素を知り尽くす

第4周期

カリウム／カルシウム／スカンジウム／チタン／バナジウム／クロム／マンガン／鉄／コバルト／ニッケル／銅／亜鉛／ガリウム／ゲルマニウム／ヒ素／セレン／臭素／クリプトン

19
K
Potassium

カリウム

生物の生育や細胞活動に必須の元素

生命に必須の元素は取り扱い要注意？

カリウムは自然界には単体ではなく、さまざまな化合物の形で存在している。地殻中の含有量は8番目に多く、約2・6パーセントを占める。古来、草木を焼いた灰から生成した化合物を、ガラスや石鹸などの製造に利用していた。

単体のカリウムは、1807年、イギリスの化学者ハンフリー・デービーが苛性カリ（水酸化カリウム）の電気分解により発見した。単体のカリウムはナイフで切れるほど軟らかく、比重は水よりも軽い。イオン化傾向が高く、水と激しく反応して発火する。その際に水素を発生するが、反応熱で引火して爆発する危険がある。

また、空気中の酸素と反応して自然発火する場合もあり、保存には水分や空気と遮蔽する必要があるため、無水鉱油やアルゴンなどの不活性気体中に保存する。カリウムの炎色反応は淡紫色で、花火の色素として利用される。

カリウムは植物の生育に欠かせない元素で、窒素、リンと並ぶ肥料の三要素のひとつだ。肥料としては塩化カリウムが多用されるが、塩素に弱いジャガイモには硫酸カリウムが使われる。

カリウムは人間にも欠かせない。人体の99パーセント以上を占める必須常量元素のひとつで、人体に8番目（9番目とも）に多く含まれている。主に、人間の脳や神経における情報伝達で重要な役割を果たしている。

分類：アルカリ金属
原子量：39.0983
融点：63.65℃
沸点：765℃
発見年：1807年
発見者：ハンフリー・デービー（英）
名称の由来：アラビア語の「植物の灰（qali）」

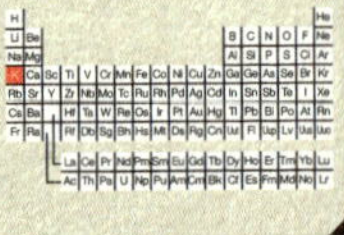

▲カリウムは余分な塩分を体内から排出する働きも持つ。サツマイモ、パセリ、アボカド、バナナなどの食品に多く含まれている。

▲カリ長石はカリウムを多く含む鉱物で、中でも青色の光を放つものはムーンストーン（月長石）と呼ばれ、宝石として古くから重用されてきた。

さまざまな用途に使われる化合物

一方、工業的にはさまざまな化合物が利用される。たとえば、硝酸カリウムは黒色火薬の原料や肥料の原料として、炭酸カリウムは乾燥剤として使われる。また、シアン化カリウム（青酸カリ）は金、銀、銅などを溶かす用途に用いられる。金鉱山の採掘や金メッキなどの用途には欠かせないが、強い毒性を持つことから、排水による公害問題を引き起こすこともある。

カリウム原子の中には、カリウム40という放射性同位体が存在する。半減期は約12・5億年で、一定の比率でアルゴン40とカルシウム41に変化するため、岩石中のカリウム40とアルゴン40の比率を調べることで、年代測定に利用されている。人体にもカリウム40が含まれており、年間0・2ミリシーベルト程度の内部被曝を受けている。

20
Ca
Calcium

カルシウム

人体の骨格を形成する重要な元素

すべての動植物に欠かせない存在

カルシウムは人間を含む動植物に欠かせない重要な元素だ。人体内ではカルシウムイオンが酵素の働きを助け、リン酸カルシウムが骨や歯の主成分となる。血中のカルシウムが不足すると、骨からカルシウム成分が溶け出し、反対に血中の余分なカルシウムは骨に吸収される。また、サンゴや貝などの海洋生物が外殻を作るのに炭酸カルシウムが使われている。

カルシウムは反応性が高いため、自然界には単体ではなく、さまざまな化合物の形で存在する。地殻に含有する元素としては5番目に多く、大理石や石灰岩、蛍石、リン灰石、石膏などに含まれる。これらの岩石が雨水の作用で風化する際、カルシウムイオンが溶け出すため、カルシウムはどんな天然水にも含まれている。天然水の水質の基準として「硬度」が知られているが、これは水1リットル中に含まれるカルシウムのミリグラム数で決まるのだ。

建材から食品まで幅広く利用される

1808年、ハンフリー・デービーが生石灰を酸化水銀とともに溶融電解し、金属カルシウムを単体で分離することに成功した。カルシウムは白色のイメージがあるが、それは化合物の場合で、単体の場合は銀白色の金属なのだ。

カルシウムは元素として発見される前から、

分類：アルカリ土類金属
原子量：40.078
融点：842℃
沸点：1503℃
発見年：1808年
発見者：ハンフリー・デービー（英）
名称の由来：ラテン語の「石灰（calcis）」

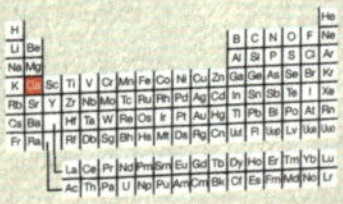

▲トルコにあるパムッカレの石灰棚。土中の石灰岩が温泉水に溶けて流れ出し、炭酸カルシウムが沈殿して階段状に形成された。鍾乳洞ができる原理も同様である。

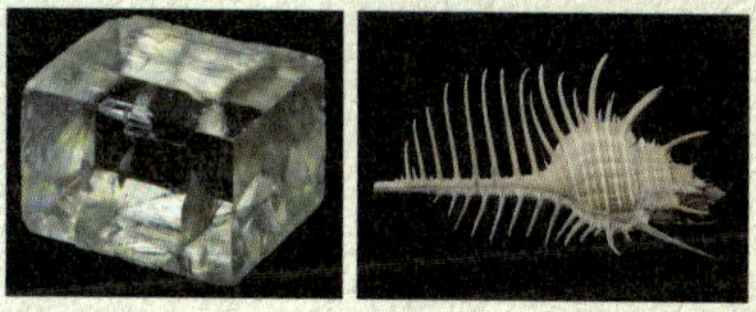

▶（左）炭酸カルシウムを主成分とする方解石。（右）貝殻は主に炭酸カルシウムでできている。

石灰岩や大理石などの石材として利用されていた。また、石灰岩（主成分は炭酸カルシウム）を焼いて生石灰（酸化カルシウム）にした後、水を加えて消石灰（水酸化カルシウム）を生じさせ、砂、水と混合してセメントとして利用することも知られていた。現在もセメントやコンクリートなど、建材として広く利用されている。

カルシウムは窒素や酸素と親和性が高いため、真空装置内の残留空気を取り除く目的に使われる。身近なところでは、乾燥剤として日常的に用いられる生石灰がある。ただし、水と反応すると熱を発するため、扱いには注意が必要だ。

消石灰は水に溶かすと強いアルカリ性を示し、水や液体の中和目的に使用されることがある。また、消石灰は二酸化炭素と反応し、炭酸カルシウムの沈殿を生成することから、地球温暖化の主な要因とされる二酸化炭素を封じ込める役割を果たすとして、関心が高まっている。

21
Sc
Scandium

スカンジウム

屋外競技場を明るく照らす

▲スカンジウムは埋蔵量が少なく、レアアースのひとつに数えられる。合金の材料として使われるほか、屋外競技場などの照明にも利用されている。

▶メタルハライドランプ。ヨウ化スカンジウムなどのハロゲン化金属を封入したもので、白熱電球と比べて長寿命・省電力という利点がある。

スカンジウムは、周期表の発案者メンデレーエフにより、１８７０年に「エカホウ素」として存在を予言されていた元素だ。１８７９年にスウェーデンの分析学者ラース・フレデリク・ニルソンによって発見された。多くの鉱物に含まれているが、含有量が高い鉱物は少ない。

アルミニウムにスカンジウムを０・３パーセント程度添加した合金は、強度が飛躍的に高まるため、旧ソ連の軍用機に使用されていた。現在は自転車のフレームなどに使われている。また、化合物のヨウ化スカンジウムを使用した「メタルハライドランプ」は、従来品よりも明るく、長寿命・省電力の照明として注目されており、スポーツ施設などの照明に用いられている。

分類：遷移元素
原子量：44.955908
融点：1539℃
沸点：2831℃
発見年：1879年
発見者：ラース・F・ニルソン（スウェーデン）
名称の由来：ラテン語の「スカンジナビア」（スウェーデンの意）

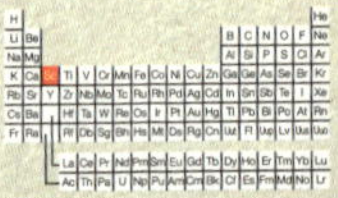

22
Ti
Titanium

チタン

強さと軽さと耐食・耐熱性を備えた優れもの

チタンは1791年にイギリスにおいて発見された元素だが、単体での分離に成功したのは1910年のことで、アメリカの化学者マシュー・A・ハンターによる。

チタンは火成岩やそこから得られた沈澱物の中に多く含まれ、地球上に広く分布しているが、製錬が難しいため高価になる。純粋なチタンは鋼鉄以上の強度を持つうえ、質量は鋼鉄の約55パーセントと非常に軽い。強度・軽さ・耐食性・耐熱性を備えていることから、航空機や潜水艦、自転車やゴルフクラブなどに使われる。また、生体親和性が高く、骨と結合するので、歯科治療（インプラント）や人工関節・人工骨といった整形外科分野でも利用されている。

▼チタンはやや黒ずんだ銀色をしている。日本語の「チタン」はラテン語風の読み方で、英語では「タイタニウム」と呼ぶ。

分類：遷移元素
原子量：47.867
融点：1666℃
沸点：3289℃
発見年：1791年
発見者：ウィリアム・グレゴール（英）
名称の由来：ギリシア神話の「巨人（Titan）」

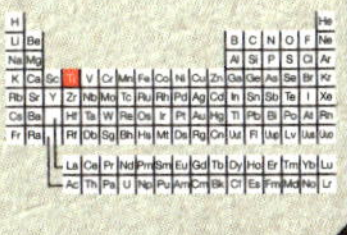

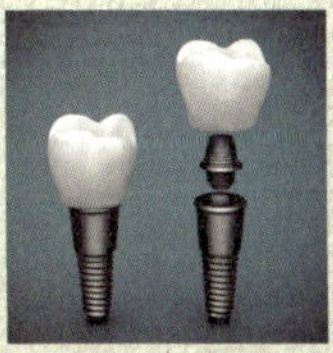

▶航空機のジェットエンジンや自転車のフレーム、歯科治療、日焼け止め、光触媒など、その性質を利用して幅広く使われている。

23
V
Vanadium

バナジウム

合金の材料として活用されるレアメタル

▲クロムにバナジウムを付加したクロムバナジウム鋼製の工具。バナジウムはレアメタルのひとつで、南アフリカ・中国・ロシア・アメリカで90パーセント以上の産出量を占める。

▶ホヤやベニテングダケはバナジウムを高濃度で蓄積している。

バナジウムは、やや暗い銀色の軟らかい金属だ。バナジウムを鋼に添加すると、鋼中の炭素と結合して炭化バナジウムとなり、鋼を強化する（バナジウム鋼）。硬度、耐磨耗性、耐食性、靭性に優れているため、刃物、ばね、ドライバーなどに使われている。また、バナジウム化合物は、硫酸の製造やプラスチック原料となる無水マレイン酸・無水フタル酸の製造など、工業用の触媒としても利用される。

バナジウムは人体に必要な超微量元素のひとつに数えられているが、生体における働きについては不明な点も多い。2000年ごろから健康食品として話題になっているものの、効果が科学的に検証されているわけではない。

分類：遷移元素
原子量：50.9415
融点：1917℃
沸点：3420℃
発見年：1801年
発見者：アンドレス・M・デル・リオ（墨）
名称の由来：北欧神話の「美の女神（Vanadis）」

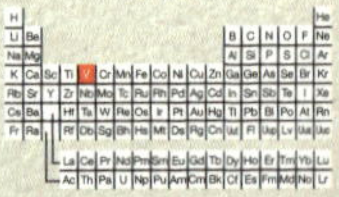

Part 1
Part 2
第1〜3周期
第4周期
第5周期
第6周期
第7周期

24
Cr
Chromium

クロム

高い強度と耐食性でメッキに重用される

▲光沢のある銀白色のクロム金属。鉄を50パーセント以上、クロムを10・5パーセント以上含む合金をステンレス鋼と呼び、錆びにくいために、自動車、機械、台所用品などさまざまな用途で用いられる。

◀クロム鉱床で産出される灰クロムざくろ石。美しい緑色は三価クロムイオンによる発色だ。

クロムという名はギリシア語の「色（Chroma）」に由来しており、酸化状態によってさまざまな色を示すことから名づけられた。ルビーの赤色やエメラルドの緑色は、クロムが不純物として入っているためだ。元素として発見されたのは、1797年、フランスの化学者ルイ＝ニコラ・ヴォークランによる。

クロムは硬く、表面に光沢のある銀白色の金属で、短時間で酸化皮膜に覆われ、錆びにくい性質を持つことから、鉄のメッキ（クロムメッキ）に用いられる。かつてクロムメッキに使用されていた六価クロムには強い毒性があるため、現在のクロムメッキでは毒性のない三価クロムが使われている。

分類：遷移元素
原子量：51.9961
融点：1857℃
沸点：2682℃
発見年：1797年
発見者：ルイ＝ニコラ・ヴォークラン（仏）
名称の由来：ギリシア語の「色（chroma）」

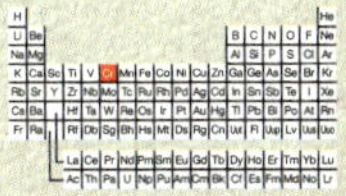

25
Mn
Manganese

マンガン

理科の実験でもなじみ深い乾電池の原料

分類：遷移元素
原子量：54.938044
融点：1246℃
沸点：2062℃
発見年：1774年
発見者：カール・W・シェーレ（スウェーデン）
名称の由来：ギリシア語の「浄化（manganizo）」

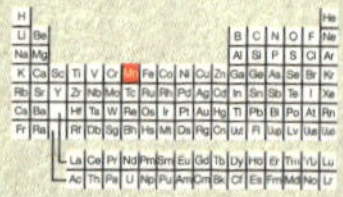

「ガラスの石鹸」から分離された金属

マンガンを含む鉱物としては、古くから軟マンガン鉱（二酸化マンガン）が知られていた。これを特定の色ガラスに加えるとガラスが無色化することから、「ガラスの石鹸」などと呼ばれて重用されていたが、その正体は不明だった。ちなみに、色ガラスが無色になるのは、マンガンがガラスの中に混ざった鉄イオンを酸化することによる。

１７７４年、スウェーデンの化学者カール・ヴィルヘルム・シェーレが、この軟マンガン鉱が未知の金属の酸化物であることを突き止めた。さらに同年、シェーレの友人で化学者ヨハン・ゴットリーブ・ガーンが、単体のマンガンを分離することに成功した。

マンガンは地殻中に12番目に多く存在する元素だが、単体としては産出せず、軟マンガン鉱や鉄鉱石に含有されて産出する。単体のマンガンは硬いがもろい金属で、表面は酸化しやすく、灰白色の皮膜を作る。化合物である二酸化マンガンは乾電池の正極の材料として用いられる。また、理科の授業でもおなじみの、過酸化水素水を水と酸素に電気分解する実験では、二酸化マンガンが触媒として使われる。

幅広く利用されるマンガンの性質

鉄鉱石中には必ずマンガンが存在するため、

▲(上)深海から採取されたマンガン団塊(マンガンノジュール)。マンガンや鉄などの金属の酸化物と粘土の塊だ。(下)マンガンを主成分とする菱マンガン鉱。

▲マンガンの用途としてよく知られているのが乾電池だ。化合物の二酸化マンガンが、マンガン乾電池とアルカリ乾電池の正極の材料に用いられている。

銑鉄や鉄鋼にも必ずマンガンが混ざっている。そこへ、さらに合金材料としてマンガンを添加することで、摩擦や腐食に強い合金を作ることができる。また、マンガンの酸化力の高い性質を利用して、酸素や硫黄を取り除く脱酸素剤や脱硫剤としても用いられる。

マンガン化合物には強い磁性を示すものがあり、モーターや小型スピーカー、電子機器内で使用する磁性材料の原料としても使われている。

一方、生物にとってもマンガンは重要な元素だ。人体内では骨の形成や代謝に関係し、消化を助ける働きがある。マンガンが欠乏すると発育不良や生殖力低下につながるが、反対にマンガンを過剰に摂取すると、肺や中枢神経などを傷めるので注意が必要だ。また、植物の光合成で酸素を生成するしくみに大きな役割を果たしており、マンガンが欠乏している土壌で育つ植物は、葉に灰色の斑点（クロロシス）が出る。

26
Fe
Iron

鉄

世界の金属生産量の95パーセントを占める

鉄は空から降ってきた？

鉄は、古代から人間の生活にもっとも身近な元素のひとつといえるだろう。現在見つかっている最古の鉄器は、紀元前3500年前後の古代エジプトの墳墓から出土した鉄の装飾品だ。これはニッケルの含有量から、隕鉄を起源にするものと考えられている。隕鉄とは、惑星を作った物質の残骸である隕石のうち、鉄とニッケルの合金を主成分とするものをいう。古代エジプト人は鉄を「空から降ってきた金属」として珍重したが、地球上でも地殻の5パーセントと、アルミニウムに次いで4番目に多い。

鉄は地球の内殻・外殻にも大量に存在する。地球ができたばかりのころは、鉄は鉄イオンの形で海水中に存在していたが、約22億年から27億年前に、シアノバクテリアやストロマトライトのような光合成生物が大量発生し、酸素が海水中に供給されたことで酸化鉄として沈殿し、鉄鉱石となった。

ちなみに、製鉄技術を確立したのは紀元前15世紀ごろのヒッタイト文明で、その製鉄技術でメソポタミアを征服したとされている。

日用品から建造物まで広い用途

鉄は、微量の炭素を加えることで鋼となる。炭素量を調整したり、焼き入れを行うことで、硬さや性質を調整できるため、ネジや刃物から、

分類：遷移元素
原子量：55.845
融点：1536℃
沸点：2863℃
発見年：－
発見者：－
名称の由来：ラテン語の「固い・強固（ferrum）」

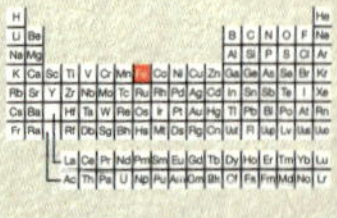

▼インド・デリーにある「デリーの鉄柱」。高純度の鉄製で、建立後1500年以上経過してもほとんど腐食が見られず、「錆びない鉄柱」として知られる。

▲隕石のうち、鉄とニッケルの合金を主成分とするものを隕鉄という。ニッケルの含有量により、表面に独特の紋様（ウィドマンシュテッテン構造）が現れる。

鉄筋や鉄骨など大型建造物の建築資材まで、さまざまな用途に使われている。現在、鉄は世界の金属生産量の実に95パーセントを占めているのだ。

鉄を他の金属と合わせることで、さまざまな性質を持つ合金となる。ニッケル、クロムと鉄の合金であるステンレスは錆びにくく、かつ安価であり、液体を通す配管や流し台、機械類などに広く用いられている。また、鉄は常温で強い磁性を持つ金属で、酸化鉄を他の金属と混合して焼き固めたり、合金にすることで永久磁石となる。

人体にとっても、鉄は大切な微量元素だ。生物の体内では、鉄は主に赤血球中のヘモグロビンに含まれ、酸素を運搬する役割を果たしている。鉄分が不足すると、鉄欠乏性貧血を起こすことがある。鉄は私たちの生活に欠かすことのできない元素なのである。

27
Co
Cobalt

コバルト

美しいブルーの顔料にもなる合金の材料

分類：遷移元素
原子量：58.933194
融点：1495℃
沸点：2930℃
発見年：1735年
発見者：イェオリ・ブラント（スウェーデン）
名称の由来：ドイツ語の「地底に住む小鬼（Kobolt）」

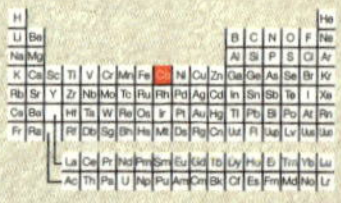

鉄によく似た性質を持つ

古代ギリシアの青色ガラス、唐・明朝の陶磁器、ベネチアグラスなど、コバルトは古くからガラスや陶磁器の青色着色剤として使用されてきた。単体の元素として発見されたのは１７３５年のことで、スウェーデンのイェオリ・ブラントによって、コバルト鉱から金属コバルトが分離された。

　コバルト鉱石は、ヒ素を含むために冶金《やきん》が難しく、「地底に住む小鬼（Kobolt）が鉱夫を邪魔するために魔法をかけた」といわれていた。コバルトの名称はそれに由来する。現在では、生産されるコバルトの大半が銅、ニッケルなどを精製する際に副産物として得られる。

　金属コバルトは銀白色の金属で、鉄によく似た性質を持っている。単体の金属として用いられることはほとんどなく、合金の材料として用いられる。また、鉄と同様に磁石の材料としても使われる。

　コバルトを基材とする合金は、高温や腐食に強く、硬い金属を切断する工具の材料などに使われている。コバルト、クロム、タングステンの合金や、コバルト、クロム、モリブデン、炭素の合金は、ジェットエンジンやガスタービンなど高温で過酷な環境で使用される。

　また、コバルト粉はダイヤモンドに次ぐ硬さを持つ超硬合金の材料となり、自動車部品加工用の工具やトンネル工事に使われるシールドマシンで、岩を掘削する刃として使われる。コバルト合金のより身近な用途としては、義歯やブリッジなどの歯科材料が挙げられる。

顔料としても重宝される化合物

コバルトを含む化合物は、昔から青色の顔料として用いられていたが、ほかにも緑、黄色、紫など、さまざまな色の顔料がある。また、塩化コバルトをシリカゲルに混ぜると青色になり、水気を吸うとピンク色になることから、乾燥剤の交換時期の目安として使われる。なお、ピンク色になったシリカゲルは加熱することで色が戻る。

最近増えている用途としては、コバルト酸リチウムが、携帯電話やパソコンのバッテリーとして使用されるリチウムイオン二次電池の正極材料として利用される。

▲着色剤に酸化コバルトを使用したコバルトガラスの瓶。「コバルトブルー」という色の名前はこの色からきている。

▼コバルトの鉱物で、美しい赤紫色が特徴のコバルト華。

▲銀白色のコバルト金属は、強磁性体の性質を生かして磁石の原料にも用いられる。また、コバルトは人体に必要な超微量元素でもある。

28
Ni
Nickel

ニッケル

3000種類もの合金に使われる元素

合金やメッキの材料として大活躍

鉄とよく似た性質を持ち、磁性を帯びたニッケルは、もっとも安定した元素のひとつだ。空気中で錆びにくいため、鉄や銀などの表面にメッキとして使用される。また電気を通しやすいことから、電気接点のメッキにも使われている。

ニッケルの最大の用途はステンレス鋼の素材で、耐食性を高めるためにニッケルを8～12パーセント程度加える。ニッケルは超合金（高温に対する並外れた強度と耐酸化性を持つ合金）の材料としても重要な存在で、タービンのブレードやロケットのエンジンなどの高温用部品に使われる。また、チタンとニッケルが1対1の合金は、形状記憶合金として利用される。

さらに、銅とニッケルの合金は白銅と呼ばれ、銀に近い光沢を持つことから、貨幣の材料とし

分類：遷移元素
原子量：58.6934
融点：1455℃
沸点：2890℃
発見年：1751年
発見者：アクセル・クローンステット（スウェーデン）
名称の由来：ドイツ語の「銅の悪魔（Kupfernickel）」

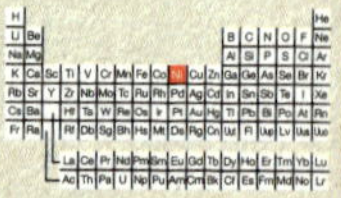

▲ニッケルは銀白色の光沢のある金属で、単独で使われることは少なく、メッキやさまざまな合金の材料に利用される。

て使われる。日本では50円硬貨と100円硬貨が銅75パーセント、ニッケル25パーセントの白銅貨だ。ちなみに、2000年まで鋳造されていた旧500円硬貨も白銅貨だったが、現在の500円硬貨はニッケル黄銅（銅・ニッケル・亜鉛の合金）が材料となっている。そのほか、ニッケルを含む合金はおよそ3000種類あり、さまざまな用途で利用されている。

充電池の材料に欠かせない存在

ニッケルは電池の正極材料として用いられる。

▲（上）ニッケルの主要鉱石である紅砒ニッケル鉱。昔のドイツで、この鉱石に銅が含まれていると思ったものの抽出できなかったため、「銅の悪魔」と呼んだことがニッケルの名の由来。（下）アメリカの5セント硬貨。銅とニッケルの合金（白銅）製だ。

20世紀初頭にエジソンが発明した「エジソン電池」は、酸化ニッケルを正極に使用していた。

繰り返し充電できる二次電池のニッケル・カドミウム電池（ニカド電池）は、寿命が25年程度と長く、1980年代以降、ビデオカメラやノートパソコン、携帯電話などのバッテリーとして急速に普及した。

しかし、カドミウムによる環境問題や、充電時に水素が発生することが問題となったため、次世代の二次電池として、正極にニッケル酸化合物、負極に水素を取り込む性質を持つ水素吸蔵合金を使用したニッケル水素電池が登場し、普及が進んでいる。

一方、ニッケルは金属に触れることで皮膚炎を発生する「金属アレルギー」の原因になりやすい。アクセサリーなどが皮膚に直接接触した場合だけでなく、歯科材料に含まれるニッケルが原因となることもある。

29
Cu
Copper

銅

古代から利用されてきた歴史ある元素

人類が初めて用いた金属

銅は光沢のある橙赤色が特徴の金属だ。自然界に金属銅として存在しているため、人類と銅との歴史は古い。紀元前9000年ごろの中東地域で使われはじめたと推測されており、人類が初めて用いた金属だといわれる。

ローマ時代、キプロス島が銅の産地だったため、ローマ人はこれを「キプロス島の金属（aes cyprium)」と呼び、転じてラテン語の「cuprum」となった。それが元素記号のCuの由来で、英語の「copper」の語源でもある。

古代、銅は装飾品などに使われていたが、銅の軟らかさを補うために、銅の精製技術を生かし、やがてスズとの合金である青銅の製造が行われるようになった。青銅器時代になると、武器、祭祀用具、装飾品や日用品など、さまざまな道具が青銅で作られた。ちなみに、祭祀用具である「銅鏡」や「銅鐸」は、銅器ではなく青銅器だ。また、いわゆる「銅メダル」は、英語では「ブロンズメダル」となるが、この「ブロンズ（bronze)」も青銅という意味である。

古くから知られる銅の合金としては、ほかに黄銅（亜鉛との合金）、洋白（銅、ニッケル、亜鉛の合金）がある。楽器や仏具などに使用される真鍮は黄銅の一種だ。洋白は白銀色の外観から、銀の代用として食器などに使用される。また、銅の合金は日本をはじめ、世界各地で貨

分類：遷移元素
原子量：63.546
融点：1084.62℃
沸点：2571℃
発見年：–
発見者：–
名称の由来：ラテン語の「キプロス島の金属（cuprum）」

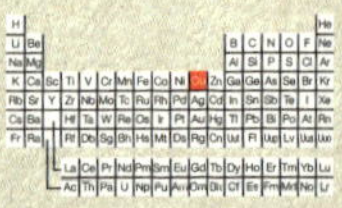

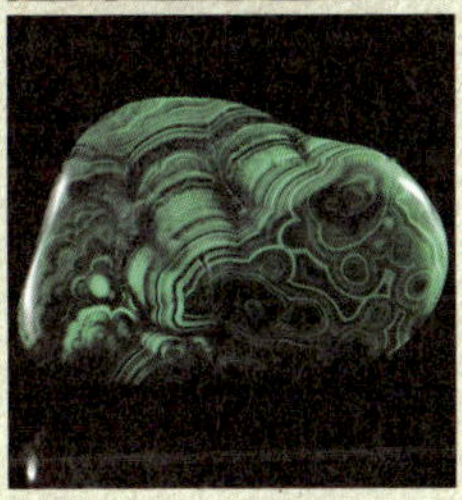

▼(上)金管楽器の材料となる真鍮は銅と亜鉛の合金だ。(下)緑色が美しい孔雀石。その主成分は銅の表面にできる緑青と同じである。

▲光沢のある独特な橙赤色をした銅は、単体でも産出するため、古くから利用されてきた金属だ。銅の炎色反応は青緑色で、花火の青色着色料としても用いられる。

幣の材料として利用されている。

「緑青」は銅を守る皮膜

銅を乾燥した空気中に放置すると表面が黒褐色になるのは、酸化銅が発生するからだ。古い銅像や銅葺きの屋根などで表面が緑青《ろくしょう》に覆われるのは、湿度の高い空気中の水分、塩分、酸素や二酸化炭素に反応し、表面に銅の化合物が現れるためで、銅イオンが青色なので青緑色になる。銅表面の酸化銅や緑青は、内部への侵食を防止する効果があるため、古い銅器や青銅器は鉄器のように錆でボロボロになることはない。

銅は電気を伝えやすい性質で、電気配線や電気モーターなどに利用される。また、熱も伝わりやすいので、調理器具などにも用いられる。

さらに、銅は人体内で酸素を運搬するヘモグロビンの生成を助けるほか、酵素の処理にも重要な働きをしており、微量元素に数えられる。

30
Zn
Zinc

亜鉛

錆びやすい性質で鋼材の腐食を防ぐ

表面の錆で中の鋼材を守る

亜鉛は古くから知られた元素で、紀元前4000年ごろから銅との合金（黄銅）として利用されていた。金属亜鉛の大規模な生産手法を確立したのはドイツの化学者アンドレアス・マルクグラフで、1746年のことだ。

単体の亜鉛は銀白色の金属で、融点は約420℃と低いことから、合金にする際に精度の高い加工がしやすく、衝撃にも強い。そのため、黄銅や洋白などの合金が広く利用されている。

また、イオン化傾向が鉄や銅などに比べて高い特性を生かし、鋼材の腐蝕を防ぐためのメッキ材として用いられている。湿った空気中で、亜鉛の表面にはすぐに白錆が生じる。これが緻密な保護皮膜となり、内部を守るので腐蝕が進みにくくなるのだ。薄い波型の鋼板に亜鉛をメッキした「トタン板」は、屋根や壁などの建築材料として使われている。

それから、460℃程度の温度で亜鉛を溶かしたプール（メッキ槽）の中に、鋼材を浸すことで表面にメッキを行う処理（亜鉛溶融メッキ）は、鉄塔や橋梁など屋外に設置する建造物の防食処理として広く行われている。

体内のさまざまな酵素の働きを助ける

亜鉛のイオン化傾向が比較的高い性質を利用して、マンガン乾電池、アルカリ電池、亜鉛空

分類：その他の金属
原子量：65.38
融点：419.527℃
沸点：907℃
発見年：–
発見者：–
名称の由来：ドイツ語の「フォークの先（zinken）」

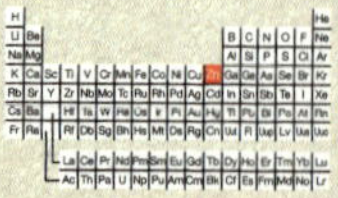

▲亜鉛はやや青みを帯びた銀白色の金属だが、空気中ではすぐに白錆に覆われてしまう。その性質を利用してメッキ材に使われるほか、次世代の青色発光ダイオードの原料としても注目されている。

▶（左）微量元素の亜鉛は、カキやレバーをはじめ幅広い食品から摂取できる。（右）亜鉛の代表的な鉱石である閃亜鉛鉱。

気電池などの負極材料として使用される。

亜鉛の酸化物である酸化亜鉛（亜鉛華）は白色の粉末で、おしろいなどの化粧品、医薬品、顔料などの原料として使われている。また、液晶などに使われる透明電極や透明薄膜トランジスタの伝導膜など、精密機械の部材としても利用される。

さらに、亜鉛は微量元素のひとつで、生体内では鉄の次に多く存在する。免疫強化、精子形成、味覚の正常化など、さまざまな酵素の構造形成・維持に欠かせない元素だ。細胞分裂にも大きくかかわっており、亜鉛が不足すると、免疫低下や味覚障害、貧血、傷が治りにくくなるなど、多方面に不調が生じる。毒性は極めて低いため、日常の食生活で亜鉛の摂取量が問題になることはまずないが、過剰に摂取しつづけると、銅や鉄の吸収を阻害して、貧血や免疫障害などを引き起こす可能性があるので注意したい。

31
Ga
Gallium

ガリウム

半導体とLEDに欠かせないレアメタル

▲ガリウムはレアメタルのひとつで、発光ダイオード（LED）にはガリウムの化合物が使われる。青く発色するのは窒化ガリウムの働きだ。ヒ素との化合物であるガリウムヒ素（ヒ化ガリウム）は、赤色LEDや半導体レーザーなどに使用される。

◀信号機やイルミネーション照明など、さまざまな場面でLEDの導入が進んでいる。

ガリウムは1875年、フランスの化学者ポール・ボアボードランに発見された。1870年に、周期表を発表したメンデレーエフが「エカ＝アルミニウム」として存在を予測しており、予測されていた物性と発見されたガリウムの物性がよく一致していたことから、メンデレーエフの周期表が注目を浴びるきっかけとなった。

ガリウムの化合物は半導体の材料として利用される。中でも、窒素との化合物である窒化ガリウムは、2014年に日本人研究者がノーベル物理学賞を受賞した青色発光ダイオード（青色LED）にも用いられており、次世代のパワー半導体（高電圧・大電流を扱える半導体）の素材として有望視されている。

分類：その他の金属
原子量：69.723
融点：29.7646℃
沸点：2208℃
発見年：1875年
発見者：ポール・ボアボードラン（仏）
名称の由来：フランスの古名「ガリア（Galia）」

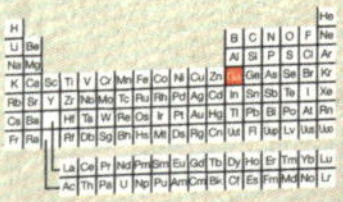

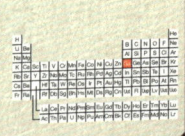

Part 1
Part 2
第1～3周期
第4周期
第5周期
第6周期
第7周期

32
Ge
Germanium

ゲルマニウム

半導体の材料として初期の電子産業を支えた

▲青みがかった銀白色のゲルマニウムは、金属と非金属の中間の性質を持つ半金属だ。赤外線を吸収しないため、赤外線サーモグラフィ用のレンズなどに用いられる。

1885年、ドイツの化学者クレメンス・ヴィンクラーにより発見されたゲルマニウムは、メンデレーエフによって「エカ＝ケイ素」として存在を予言されていた元素だ。

半導体の性質を示す半金属で、1947年にアメリカのベル研究所で発明された「トランジスタ」には、高純度のゲルマニウム結晶が用いられており、電子工学に大きな進歩をもたらした。ほかにも、赤外線透過ガラスや歯科用の金属材料としても利用されている。

ところで、「疲れがとれる」「新陳代謝を活発にする」などとゲルマニウムの効能をうたって、温浴器や健康器具類が市販されているが、人体への健康効果は科学的には確認されていない。

▲1947年に発明されたトランジスタの複製品。ゲルマニウムは初期のトランジスタやダイオードなどに使われていた。

分類：非金属（半金属）
原子量：72.630
融点：937.4℃
沸点：2834℃
発見年：1885年
発見者：クレメンス・ヴィンクラー（独）
名称の由来：ドイツの古名「ゲルマニア（Germania）」

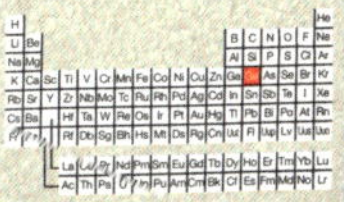

33
As
Arsenic

ヒ素

毒薬の代名詞のような存在

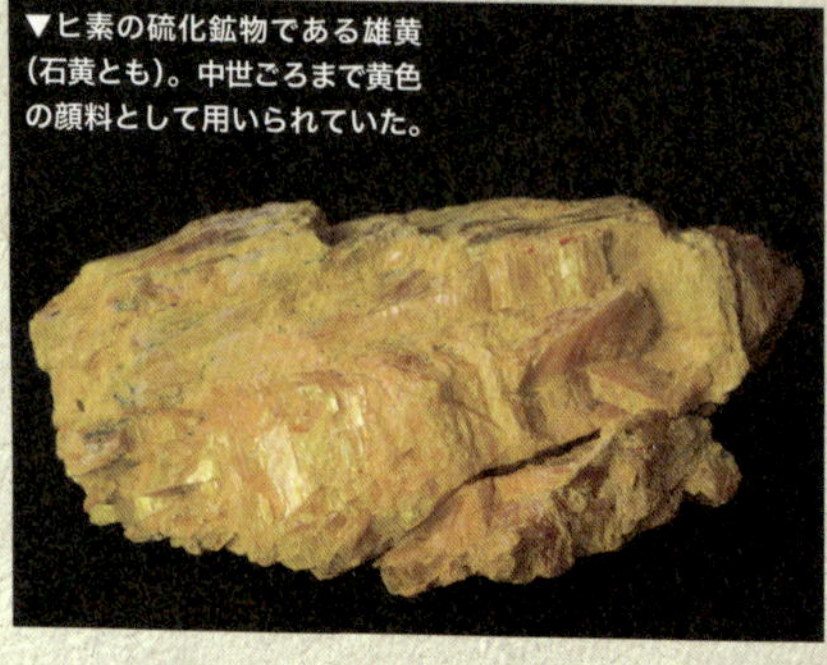

▼ヒ素の硫化鉱物である雄黄（石黄とも）。中世ごろまで黄色の顔料として用いられていた。

ヒ素は非常に強い毒性を持つため、歴史上で、またミステリー作品の中でも殺人の手段として登場する元素だ。日本でも、暗殺の道具や殺鼠剤として利用されていた。

ヒ素を摂取した場合の中毒症状は、嘔吐、下痢、激しい腹痛などで、ショック症状によって死にいたる。水源地のヒ素鉱床や、ヒ素を含む工業廃水などで汚染された水源を長期間利用することによって慢性中毒となる例も多く、呼吸器症状やガンなどが報告されている。

このように毒性の強いヒ素だが、人体内にはごく微量のヒ素化合物が存在しており、人体に必要な超微量元素であると考えられている。

また、その毒性の強さを生かして、除草剤、殺虫剤、木材の防腐剤などに使用される。工業原料としては半導体の材料（ガリウムヒ素）として利用される。

▲無味無臭で無色のヒ素は飲食物などに混ぜやすく、古くから毒薬として使われてきた。中国医学では、硫化ヒ素が解毒剤や抗炎症剤として製剤に配合されることもある。

分類：非金属（半金属）
原子量：74.921595
融点：817℃
沸点：603℃
発見年：13世紀
発見者：アルベルトゥス・マグヌス（独）
名称の由来：ギリシア語の「黄色の顔料（arsenikon）」

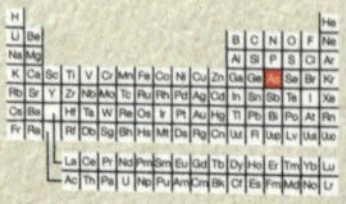

Part 1
Part 2
第1～3周期
第4周期
第5周期
第6周期
第7周期

34
Se
Selenium

セレン

人体にとって毒にも薬にもなる元素

1817年、スウェーデンの化学者イェンス・ベルセリウスによって発見された元素。元素名はギリシア語の「月（selene）」に由来し、一緒に発見された元素のテルル（ラテン語で「地球」の意）と対になっている。

硫黄によく似た性質を持つセレンは、摂取しすぎると毒性があるため、国の環境基本法などで水質汚濁、土壌汚染の基準が定められている。工業的にはコピー機の感光ドラムやカメラの露出計などに利用されていたが、毒性が強いことから、現在はほとんど使われていない。

一方、セレンは人体の超微量元素で、ビタミンCやEと協調し、活性酸素などから人体を守る「抗酸化作用」があると考えられている。

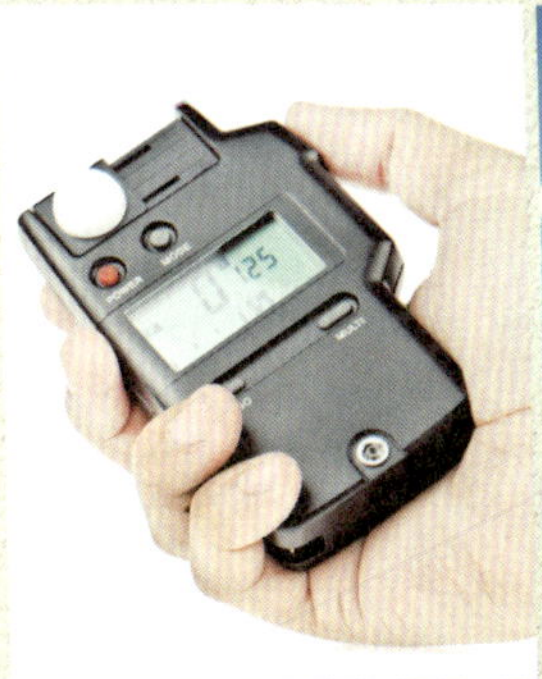

▲セレンは光を当てると電気が伝わりやすくなるため、受光素子としてコピー機の感光ドラムやカメラの露出計などに使われていたが、毒性の問題で別の材料に置き換わりつつある。

▶人体にも重要な元素のセレンだが、不足しても、過剰に摂取しても健康被害を引き起こす。写真はセレンの含有量が多いブラジルナッツ。

分類：非金属（半金属）
原子量：78.971
融点：220.2℃
沸点：684.9℃
発見年：1817年
発見者：J・ベルセリウス（スウェーデン）
名称の由来：ギリシア語の「月（selene）」

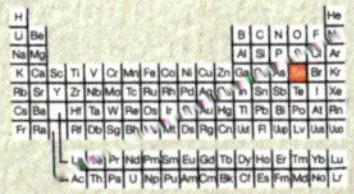

35
Br
Bromine

臭素

その名の通り強い刺激臭を持つ有毒元素

1826年、フランスの化学者アントワーヌ・バラールが海水と塩素を反応させることで発見した。強い刺激臭と強力な酸化作用があり、多くの元素と結合して漂白作用を持つ。皮膚に触れると腐食を起こすので危険だ。

用途としては、消火剤のハロンや土壌燻煙材の臭化メタルの原料となる。また、電子部品や布、建材などを燃えにくくする難燃剤の原料としても使われる。ただし、臭素化合物は生物濃縮やオゾン層破壊などの問題があるため、段階的に使用が規制されており、利用は減っている。

ほかの用途としては、写真の感光剤として化合物の臭化銀が使われる。また、天然温泉の消毒剤として塩素臭素剤が用いられることもある。

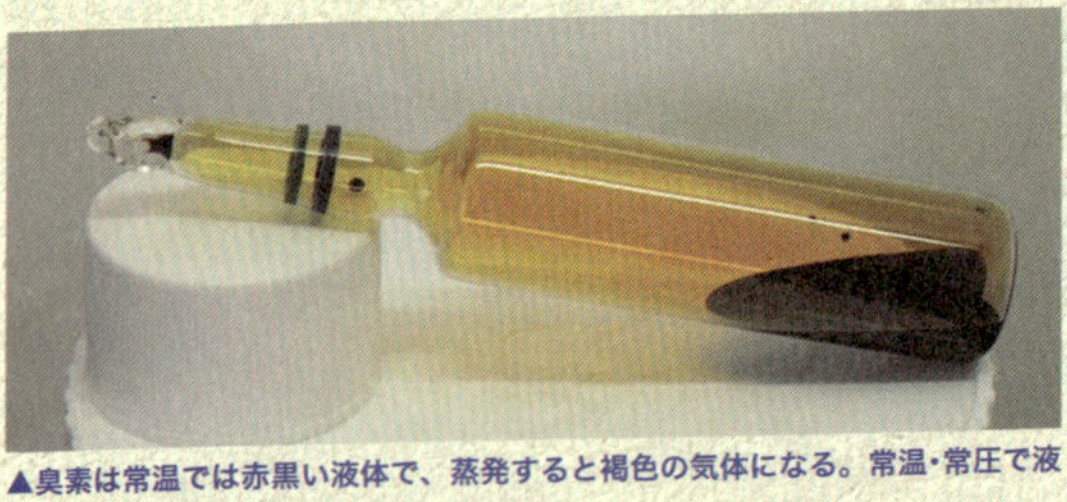

▲臭素は常温では赤黒い液体で、蒸発すると褐色の気体になる。常温・常圧で液体なのは臭素と水銀だけだ。

▲シリアツブリガイの臭素を含む分泌液から得られた紫色の色素は、古代に「貝紫」として重用された。

▲アイドル写真などを「ブロマイド」と呼ぶのは、写真の感光剤として使われる臭化銀（シルバー・ブロマイド）に由来する。

分類：ハロゲン
原子量：79.901
融点：−7.2℃
沸点：58.78℃
発見年：1826年
発見者：アントワーヌ・バラール（仏）
名称の由来：ギリシア語の「悪臭（bromos）」

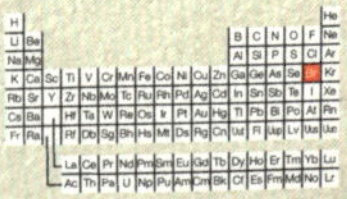

36
Kr
Krypton

クリプトン

発見が困難で「隠されたもの」の名を持つ元素

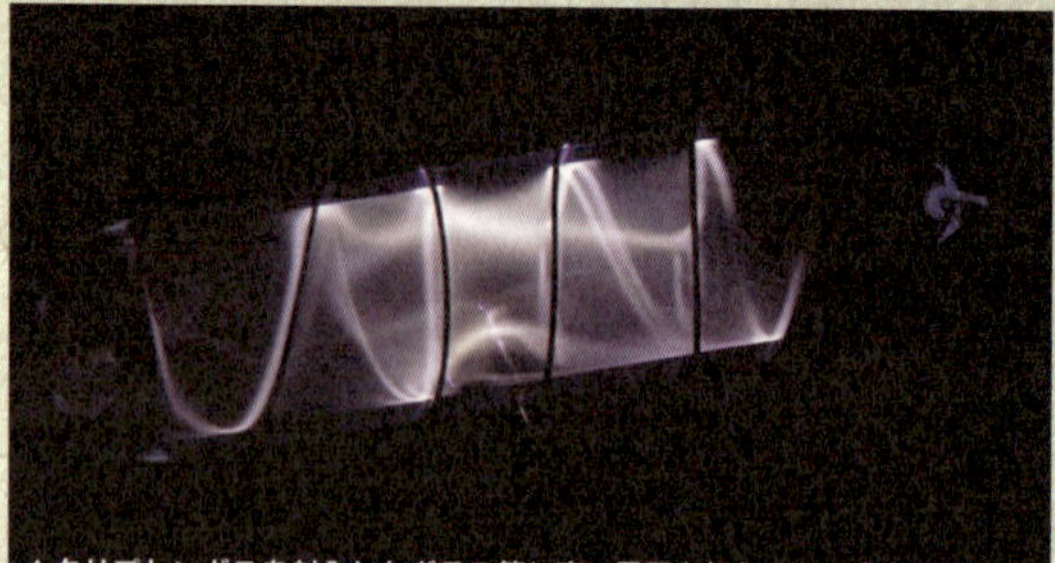

▲クリプトンガスを封入したガラス管に高い電圧を加えると、青白い光を放つ。発見することが難しかったため、ギリシア語の「隠されたもの」という言葉から名づけられた。

1898年、イギリスの化学者ウィリアム・ラムゼーとモーリス・トラバースによって液体空気から分離、発見された。常温では気体で、アルゴンなどと同様に、他の物質と反応しにくい性質を持つ（不活性ガス）。

用途としては、電球内にタングステンフィラメントの昇華を防止するために封入される。窒素やアルゴンなどに比べて分子量が大きいため、フィラメントの損耗が少なく、電球が長寿命になる。また、放電によって青白い光を放出することから、カメラのストロボなどに用いられる。

特殊な用途として、クリプトンのスペクトルの波長が、長さの単位メートルの基準に用いられていたこともある（1960～1983年）。

▲クリプトンガスを封入したクリプトン電球。一般電球よりも寿命が長い。

分類：希ガス
原子量：83.798
融点：－156.6℃
沸点：－152.35℃
発見年：1898年
発見者：W・ラムゼー&M・トラバース（英）
名称の由来：ギリシア語の「隠されたもの（kryptos）」

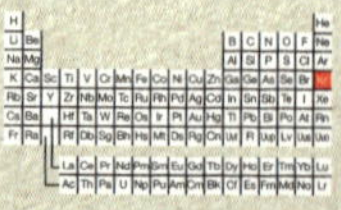

乾電池を発明したのは日本人だった

「電池」に利用されるニッケルやリチウム、マンガンなどの元素は、ある意味、私たちのもっとも身近な元素といってもいいだろう。

1791年、イタリアの生物学者ルイージ・ガルバーニが、2種類の金属をカエルの足の神経に接触させると、足がぴくぴくと動くことを発見した。この発見が電池の原理に結びつき、1800年にイタリアの物理学者アレッサンドロ・ボルタが電池を発明した。電圧の単位である「ボルト」は、ボルタの名前にちなんでつけられたものだ。

ボルタが作った電池、いわゆる「ボルタ電池」は、電極に亜鉛板と銅板、電解液に希硫酸を使う方式だ。液体を使用するため、持ち運びが不便だった。液体を使わない現在のような「乾電池」を作ったのは、日本の発明家で屋井先蔵という人物だ。

屋井は1887年に乾電池を完成させたが、当時の特許登録料が高額であったため、特許を取得できなかった（のちに特許を取得）。また、発売当初はその効用が認知されず、あまり売れなかったが、日清戦争で通信機器の動力として使用されたことを契機に会社を設立、乾電池を量産した。のちに「乾電池王」とまで呼ばれたが、残念ながら彼の興した企業は現存していない。

一方、海外で屋井の乾電池は認知されておらず、乾電池の発明者はドイツのカール・ガスナーとされてきた。だが、2014年に日本の電池産業が「IEEEマイルストーン」に登録され、その中で屋井式乾電池が認められた。屋井が乾電池を作ってから、実に127年後のことだ。

※IEEEマイルストーン：世界最大の技術者団体である「電気電子技術者協会（IEEE）」が、電気・電子・情報などの分野における歴史的偉業に対して認定する賞。

第2部
元素を知り尽くす

第5周期

ルビジウム／ストロンチウム／イットリウム／ジルコニウム／ニオブ／モリブデン／テクネチウム／ルテニウム／ロジウム／パラジウム／銀／カドミウム／インジウム／スズ／アンチモン／テルル／ヨウ素／キセノン

37
Rb
Rubidium

ルビジウム

原子時計や年代測定に利用される

▼リチア雲母。リチウムを含む鉱石で、紅雲母とも呼ばれる。この鉱石の分光分析中にルビジウムが見つかった。

1861年、ドイツの化学者ローベルト・ブンゼンとグスタフ・キルヒホッフが、紅雲母と呼ばれる鉱物から、※分光器によって赤暗色のスペクトルを見つけ、これを生み出す元素として発見した。のちに単体分離されたこの元素は、ラテン語で「深い赤色（rubidus）」を意味する単語から、ルビジウムと名づけられた。

固体のルビジウムは、銀白色の柔らかい金属で、周期表では第1族のアルカリ金属に属する。気体は青い色になる。反応性が高く、水と反応させると水素ガスを放出し、発熱によって自然発火する。ルビジウムを使った原子時計は、正確性は劣るものの比較的安価なため、GPS受信機などに広く利用されている。

▲アメリカ海軍天文台にあるルビジウム原子時計。

分類：アルカリ金属
原子量：85.4678
融点：38.89℃
沸点：688℃
発見年：1861年
発見者：R・ブンゼン＆G・キルヒホッフ（独）
名称の由来：ラテン語の「深い赤色（rubidus）」

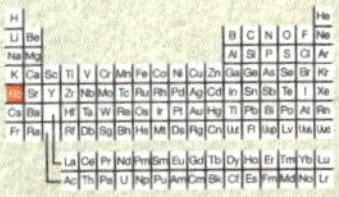

※分光器：光を波長の違いによって分解し、その成分（スペクトル）を測定する装置。

38
Sr
Strontium

ストロンチウム

夜空を赤く彩る花火の原料

ストロンチウムは、１７８７年にスコットランドのストロンチアン地方で採掘された新しい鉱石から発見された。１８０８年に、イギリスの化学者ハンフリー・デービーによって単離され、主産地にちなんで名づけられた。

単体のストロンチウムは、アルカリ土類金属に属する、軟らかい銀白色の金属で、反応性が高い。塩素との化合物である塩化ストロンチウムは、明るい赤色の炎色反応を見せるため、花火や警戒信号灯などに利用されている。

２０１１年の福島第一原子力発電所の事故で放出された放射性物質のひとつが、人体に害のあるストロンチウムの同位体、ストロンチウム90であったため、ネガティブな印象を持つ人も少なくない。一方、別の同位体であるストロンチウム89は医療に用いられている。

▼▶ストロンチウムが発見されたストロンチアン石（下）と天青石（右）。いずれも代表的なストロンチウム鉱石だ。

▲花火の赤い色合いは、ストロンチウムの炎色反応を利用している。

分類：アルカリ土類金属
原子量：87.62
融点：777℃
沸点：1414℃
発見年：1787年
発見者：アデア・クロフォード（英）
名称の由来：発見地の「ストロンチアン（Strontian）」

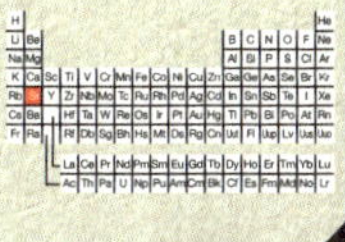

39
Y
Yttrium

イットリウム

固体レーザーの素子として広く普及

▲ヨハン・ガドリン。イットリウムは最初に発見されたレアアースだったことから、のちに彼の名前にちなんでガドリニウムが命名された。

▲イットリウムを主成分とするガドリン石。セリウムを多く含む種類もある。

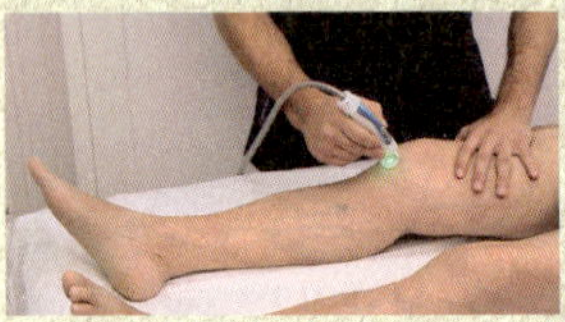

◀イットリウムとアルミニウムから作られた単結晶「YAG」は、レーザーの素子として、レーザーを用いた治療や溶接、加工などの分野に利用される。

スウェーデンのイッテルビーという小さな町で採掘された鉱石から、1794年、フィンランドの化学者ヨハン・ガドリンが新元素を含む酸化物を発見し、「イットリア」と名づけた。その後、1843年にカール・モサンダーがイットリアから抽出した3種の酸化物のうちのひとつがイットリウムだ。名称は鉱石の産出場所である「イッテルビー（Ytterby）」に由来する。

レアアース（希土類）のひとつで、単体では灰色の金属だが、展性や延性を持たず、大気中では酸化しやすい。アルミニウムとの酸化物は「YAG（ヤグ）」と呼ばれ、固体レーザー※の素子として広く利用されている。また、白色LEDの蛍光体としても使われる。

分類：遷移元素
原子量：88.90584
融点：1520℃
沸点：3338℃
発見年：1794年
発見者：ヨハン・ガドリン（フィンランド）
名称の由来：産出地の「イッテルビー（Ytterby）」

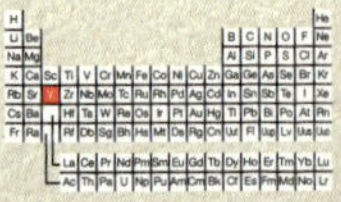

※固体レーザー：光を増幅する媒体として固体を使用したレーザー。

40
Zr
Zirconium

ジルコニウム

模造ダイヤモンドやファインセラミックスの原料

分類：遷移元素
原子量：91.224
融点：1852℃
沸点：4361℃
発見年：1789年
発見者：マルティン・クラプロート（独）
名称の由来：アラビア語の「金色（zargun）」

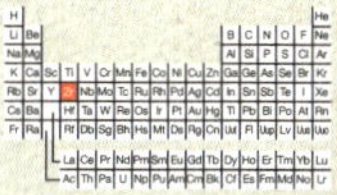

▲ジルコニウムは銀白色の金属で、耐熱性・耐食性に優れていることから、化合物はさまざまな用途に用いられている。

1789年にドイツの化学者マルティン・クラプロートが、セイロン（現スリランカ）で採掘される鉱石のジルコンから酸化物を抽出して見つけた。1824年になり、スウェーデンの化学者イエンス・ベルセリウスが金属として単離した。金属ジルコニウムは銀白色で、耐熱性・耐食性に優れており、天然金属の中ではもっとも中性子を吸収しにくい（透過しやすい）。そのため、原子炉で使う燃料棒の材料として使われる。しかし、高温では水蒸気と反応して水素を作り出す性質を持つ。それが、福島第一原子力発電所で起きた水素爆発の原因ともなった。

ジルコニウムを含むファインセラミックス※は硬く耐熱性に優れ、包丁やはさみに利用される。

▲模造ダイヤモンドとして知られる「キュービックジルコニア」はジルコニウムの酸化物であるジルコニアに、イットリウムやハフニウムなどを添加して作られる。

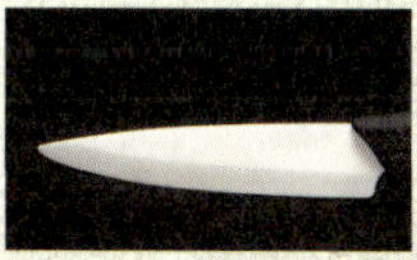
▲ファインセラミックス製のナイフ。

※ファインセラミックス：セラミックスの性能を向上させるために、原料や化学組成、製造工程を精密に制御して製造したセラミックスのこと。

41
Nb
Niobium

ニオブ

超伝導素材として注目されるレアメタル

紆余曲折を経て決まった元素名

ニオブは、確立するまでに複雑な経緯をたどった元素である。1801年、イギリスの化学者チャールズ・ハチェットが、アメリカのニューイングランドで採掘された鉱石、コルンブ石から新しい元素を発見、鉱石の名前から「コロンビウム」と名づけた。だが、翌1802年にスウェーデンの化学者アンデシュ・エーケベリによって発見されたタンタルに性質が似ていたため、同じ元素と見なされて統一されてしまう。

その後、再発見された元素が、1865年にフランスの化学者L・トルーストらによって、コロンビウムと同一元素であることが確定され、「ニオブ」と名づけられたが、アメリカやイギリスではコロンビウムと呼ばれつづけた。そして、1949年、化学界の国際組織である国際純正・応用化学連合（IUPAC）が、元素の名称をニオブに統一したのである。

ニオブという名称は、タンタルの由来がギリシア神話に登場する「タンタロス」に由来することから、タンタロスの娘である「ニオベ」にちなんで命名された。

極低温下で超伝導状態に変身

ニオブは銀白色の柔らかい金属で、レアメタルのひとつである。同じレアメタルで、化学的特性が似ているタンタルに比べると埋蔵量が多

分類：遷移元素
原子量：92.90637
融点：2477℃
沸点：4744℃
発見年：1801年
発見者：チャールズ・ハチェット（英）
名称の由来：ギリシア神話の「ニオベ（Niobe）」

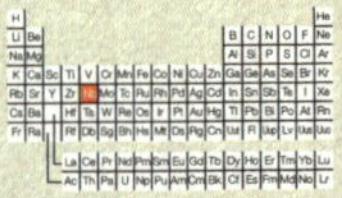

▶ラトビアの記念コイン。中央がニオブ、外縁が銀でできている。ニオブの主要産地はブラジルとカナダで、両国で全世界の99パーセントを占める。

▲ニオブを最初に発見したチャールズ・ハチェット。

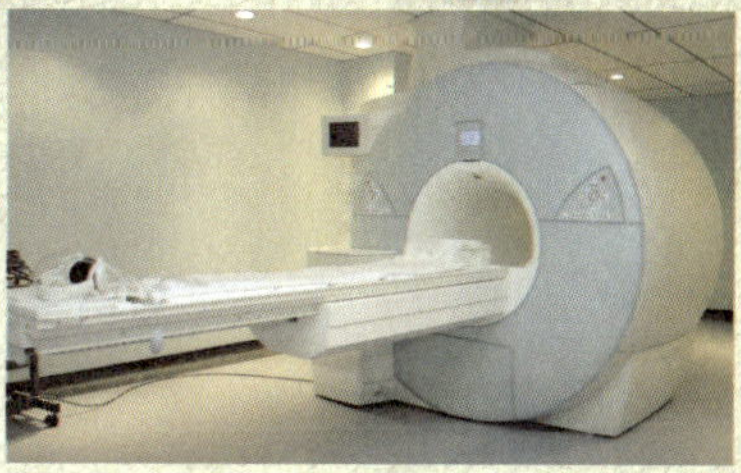

▶ニオブは超伝導の材料として、MRI装置やリニアモーターカーなどに利用されている。

いため、タンタルの代替材料として期待されている。

ニオブは鉄鋼の添加物として利用されることが多い。ニオブや他の元素を添加して作られる高張力鋼（ハイテン）は、同じ強度の鉄鋼材よりも軽くなるため、自動車の部材として活用されている。そのほかに、パイプラインやタービンにも使われている。

ニオブはマイナス263・9℃以下の極低温になると、超伝導※状態となる。もっと高い温度で超伝導となる材料（高温超伝導物質）もあるが、ニオブの超伝導転移温度は、単体金属としてはもっとも高く、加工しやすいという特徴がある。実際には、ニオブチタンやスズ化3ニオブなどの合金が「超伝導磁石」として使われ、医療機器のMRI（磁気共鳴画像）装置などに組み込まれている。また、リニアモーターカーや粒子加速器などへの利用も期待されている。

※超伝導：ある温度（臨界温度）以下で電気抵抗がゼロになる現象。超電導ともいう。

42
Mo
Molybdenum

モリブデン

合金の材料で人体にも必須の元素

汎用性の高いモリブデン合金

1778年、スウェーデンの化学者カール・ヴィルヘルム・シェーレが輝水鉛鉱を硝酸で溶かし、のちに「モリブデン土」と呼ばれるようになる酸化モリブデンを取り出した。1781年には、シェーレの友人である化学者ペーテル・ヤコプ・イェルムが、金属モリブデンの抽出に成功している。モリブデンの名称は、「鉛」を意味するギリシア語「molybdos」に由来している。

モリブデンは銀白色の硬い金属で、レアメタルのひとつだ。大気中では表面に酸化皮膜を作り、内部を保護する。存在量自体は多くないが、地球全土に広く分布している。

機械的性能に優れており、主に産業分野で利用される。特に、各種合金の材料として使われることが多く、たとえばモリブデンを添加したステンレス鋼は、耐腐食性に優れ、溶接も容易で重用されている。また、鉄にクロムとモリブデンなどを添加したクロムモリブデン鋼（産業分野では「クロモリ」と呼ばれることが多い）は、強度が高いため、航空機やロケットエンジン、自動車部品、自転車のフレーム、ボルト・ナット類などに使われる。

そのほか、潤滑剤としてグリースに添加して使用したり、石油から硫黄分を除去するための触媒（モリブデン触媒）として使われたりする。

分類：遷移元素
原子量：95.95
融点：2623℃
沸点：4682℃
発見年：1778年
発見者：カール・W・シェーレ（スウェーデン）
名称の由来：ギリシア語の「鉛（molybdos）」

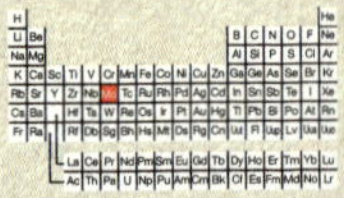

▲鉛とモリブデンの酸化鉱物であるモリブデン鉛鉱。黄色やオレンジ、赤褐色などの結晶が特徴だ。

▲モリブデンの化合物はベアリングなどの固体潤滑剤に利用される。

▲モリブデンは銀白色の硬い金属で、主に合金の材料として使用されている。また、尿酸の生成やアルコールの代謝など、人体にとっても必要な超微量元素である。

窒素循環を支える重要な存在

モリブデンはまた、生命にとって重要な元素のひとつでもある。マメ科植物の根に存在し、窒素を取り込む根粒菌にはニトロゲナーゼという酵素が含まれており、窒素をアンモニアへと還元する働きを助ける。主なニトロゲナーゼは、その中心にモリブデンを含有している。つまり、モリブデンは「窒素循環」（77ページ参照）において重要な役割を果たしているのだ。

モリブデンの毒性は低く、人間の体内に広く分布しているが、蓄積されずに代謝によって体外に排出される。いくつかの重要な酵素に含まれており、酵素を活性化させる。たとえば、モリブデンを含有する酵素のひとつ、キサンチンオキシダーゼはプリン体から尿酸を作る。ただし、キサンチンオキシダーゼが活発になりすぎると血液中の尿酸が関節に溜まり、通風になる。

43
Tc
Technetium

テクネチウム

人類が初めて作り出した元素

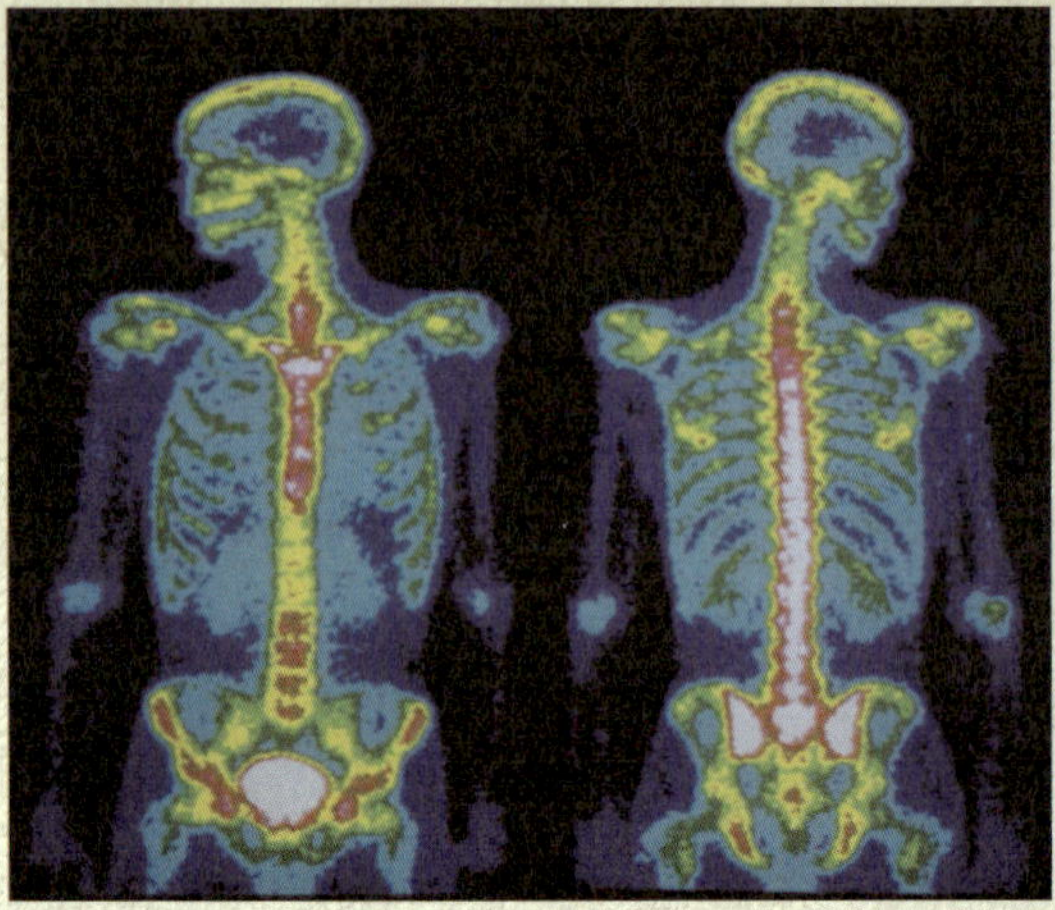

▲放射性診断薬としてテクネチウム99mが用いられた骨シンチグラフィ。テクネチウムは骨の代謝が盛んな部位に集まる性質があり、がんの骨転移の検査などに利用される。

テクネチウムは、1937年にアメリカの物理学者エミリオ・セグレとイタリアの鉱物学者カルロ・ペリエが、加速器（サイクロトロン）を使って、モリブデンに重陽子線を当てて作り出した元素だ。原子番号25のマンガン、原子番号75のレニウムに似た性質を持っていたため、周期表で空欄となっていた43番目の元素とされた。人類が初めて人工的に作った元素であることから、ギリシア語の「人工の（technetos）」という言葉にちなんで名づけられた。

テクネチウムの半減期は420万年で、すでに崩壊しているため、自然界にはほとんど存在しない。放射性同位体のテクネチウム99mは、がんの診断など核医学検査に利用されている。

分類：遷移元素
原子量：99
融点：2172℃
沸点：4877℃
発見年：1937年
発見者：E・セグレ（米）＆C・ペリエ（伊）
名称の由来：ギリシア語の「人工の（technetos）」

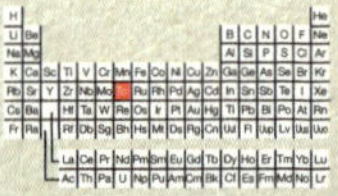

44
Ru
Ruthenium

ルテニウム

ハードディスクの大容量化を可能にした

ルテニウムは、1828年にロシアの化学者ゴットフリート・オサンが白金鉱の中から発見したとされる。実際には、1845年にロシアの化学者カール・クラウスがルテニウムを単離したことで存在が確認された。元素名は、ロシアのラテン語名にちなんで名づけられた。

ルテニウムは銀白色のもろい金属で、反応性が低く、腐食に強い。ルテニウム、ロジウム、パラジウム、オスミウム、イリジウム、白金の6元素を「白金属元素」と呼ぶが、中でもオスミウムとルテニウムの合金は摩擦に強いという特徴を持つ。

ルテニウムはハードディスクの磁性層に使われており、ディスクの大容量化に貢献している。2001年には、野依良治名古屋大学教授がルテニウムの研究でノーベル化学賞を受賞した。

▲ハードディスクの円盤には「ピクシー・ダスト（妖精のほこり）」と呼ばれるルテニウムの薄い層があり、これがハードディスクの大容量化を可能にした。

分類：遷移元素
原子量：101.07
融点：2250℃
沸点：4155℃
発見年：1828年
発見者：ゴットフリート・オサン（独）
名称の由来：ラテン語の「ロシア（Ruthenia）」

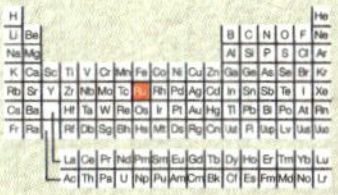

45
Rh
Rhodium

ロジウム

排気ガスの窒素酸化物を分解する

▶自動車用の触媒。ロジウム、パラジウム、白金が使用されており、ロジウムは特に、酸性雨の原因となる窒素酸化物を窒素に還元する働きを持つ。

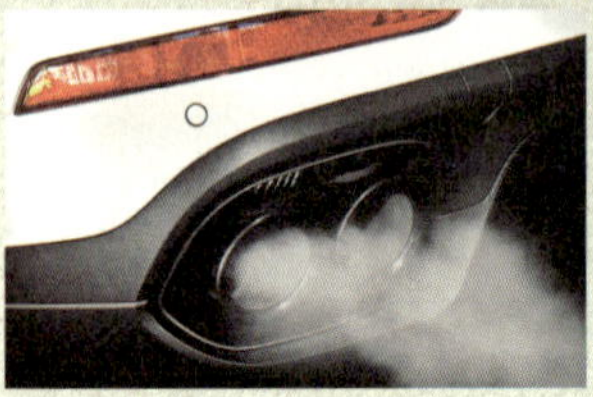

▲排気ガスによる大気汚染を防ぐため、自動車の触媒はなくてはならない存在だ。

▲耐食性に優れていることから、カメラや時計、装飾品などのメッキにも利用される。

白金鉱を王水（濃塩酸と濃硝酸の混合液）に溶かし、白金やパラジウムを分離すると、バラ色の液体が残る。イギリスの化学者ウィリアム・ウォラストンは1803年、この溶液から金属ロジウムを抽出し、ギリシア語の「バラ色(rhodeos)」にちなんでロジウムと名づけた。

金属ロジウムは銀白色の金属で、研磨すると反射率が高くなって光沢を放つ性質がある。そのため、カメラなどの光学系機器や装飾品の金属メッキに使用される。

また、排気ガスに含まれる窒素酸化物を、無害な窒素や酸素に分解する特性を持つことから、生産されるロジウムの多くは、自動車用エンジンの触媒（三元触媒）として利用されている。

分類：遷移元素
原子量：102.90550
融点：1960℃
沸点：3697℃
発見年：1803年
発見者：ウィリアム・ウォラストン（英）
名称の由来：ギリシア語の「バラ色(rhodeos)」

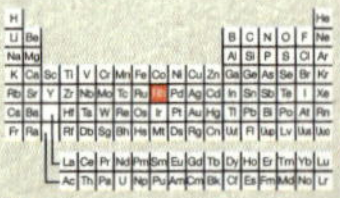

46
Pd
Palladium

パラジウム

水素社会での役割が期待される元素

1803年にイギリスの化学者ウィリアム・ウォラストンが、ロジウムと同時に、白金鉱を王水で溶かす実験で見つけた。名称は、1802年に見つかった小惑星「パラス」に由来する。

パラジウムは銀白色の金属で、以前から有機化合物を生成するための触媒として使われてきたが、近年になって炭素と炭素を結びつける有効な触媒であることがわかった。

また、パラジウム合金は、自身の体積の900倍以上の水素を吸収し、蓄える性質を持っており、水素の精製や貯蔵に利用されている。そのため、将来的な実現を目指している、水素をエネルギーの中心とした社会（水素社会）において、重要な役割を果たすと考えられている。

▼パラジウムは銀白色の金属で、装飾品や歯科治療、触媒などに用いられる。水素を吸収する性質を持つことから、水素の精製や貯蔵にも利用されている。

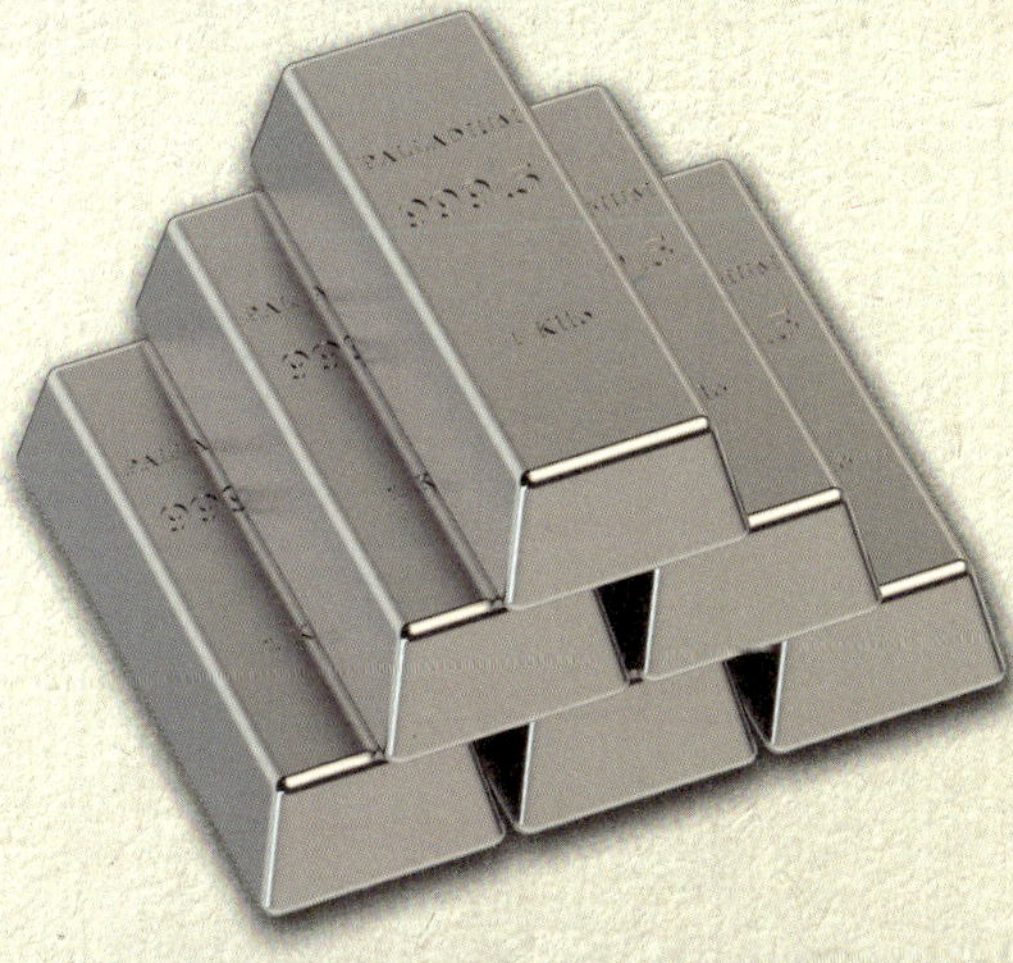

分類：遷移元素
原子量：106.42
融点：1552℃
沸点：2964℃
発見年：1803年
発見者：ウィリアム・ウォラストン（英）
名称の由来：小惑星の「パラス（Pallas）」

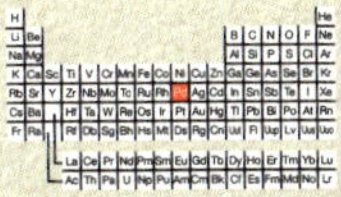

47
Ag
Silver

銀

装飾品から食器まで広く利用されてきた

金よりも価値が高かった銀

銀は、古くから知られていた元素のひとつだ。紀元前から宝飾品や装飾品、貨幣として使われてきた。元素記号のAgは、ギリシア語で「輝く、明るい」という意味の「argos」に由来する。

銀はすべての金属中、もっとも電気伝導性が高く、光の反射率もよい。また、金に次いで高い延性を持っており、1グラムの銀を1800メートルまで延ばすこともできる。

中世ヨーロッパの時代まで、銀の価値は金よりも高かったが、新大陸から大量の銀が輸入されるようになったことから、その価値は下落した。しかし、現在においても銀を使った装飾品の人気は高い。また、銀の高い電気伝導性を生かし、エレクトロ製品や電極などにも広く使われている。

銀は、放置するとすぐに酸化して黒ずんでしまう。これは、大気中に含まれる硫黄分と反応し、硫化銀となるためだ。中世において銀食器が重用されたのは、毒物の混入を察知するためだといわれている。当時、毒物として使われていたヒ素の不純物に硫黄が含まれていたことから、銀食器が黒くなれば、食べ物にヒ素が含まれていると判別できたからである。

銀の働きで画像を記録する

近年ではデジタルカメラ、スマートフォンの

分類：遷移元素
原子量：107.8682
融点：961.78℃
沸点：2162℃
発見年：－
発見者：－
名称の由来：ギリシア語の「輝く、明るい(argos)」

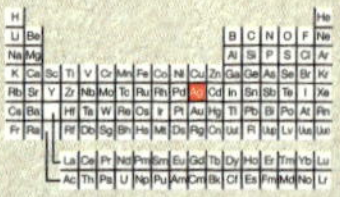

▲紀元前4世紀前半ごろに鋳造されたギリシアの4ドラクマ銀貨。銀は貨幣としても広く利用された。

▲銀食器は美しいだけでなく、毒物の混入を察知する目的でも使われていた。

▲天然に産出する自然銀。このようなひげ状の結晶に成長するものが多い。銀は銀白色だが、大気中の硫黄分と反応して黒ずみやすい。

普及によって市場が小さくなってしまったが、「銀塩写真」に使われる写真フィルムには、感光材料として銀の化合物である臭化銀が使われている。

写真フィルムの表面には、臭化銀の粒子を含む乳剤（エマルジョン）が20マイクロメートルの厚さで塗布されている。臭化銀粒子は銀イオンと臭素イオンのイオン結晶（35ページ参照）であり、写真フィルムに光が当たると、臭素イオンから飛び出した電子が銀イオンに結びついて銀原子となり、黒くなる。それが現像過程で増幅され、黒い点となって目に見えるようになり、画像を形成するのだ。また、今でも映画のスクリーンを「銀幕」と呼ぶのは、初期のスクリーンに銀が使われていたためだ。

銀に強い毒性はなく、さらに銀イオンに殺菌効果が見つかったことから、銀や銀イオンを使った抗菌剤や殺菌剤が市販されるようになった。

48
Cd
Cadmium

カドミウム

人体にとっては有害な元素

1817年、ドイツの化学者フリードリヒ・シュトロマイヤーによって発見された。元素名の由来は諸説あり、ギリシア神話に登場するフェニキアの王子カドムスにちなんだという説や、ギリシア語で「酸化亜鉛」を意味する単語に由来したという説などがある。

長寿命のニッケル・カドミウム電池（ニカド電池）などの工業用原料や、「カドミウムイエロー」と呼ばれる黄色い顔料として使われてきた。しかし、人体には有害で、富山県で発生した「イタイイタイ病」の原因でもある。300ミリグラム程度で中毒症状を起こし、1・5～2グラムで死にいたる。そのため、現在では使用を禁止、あるいは制限されている場合も多い。

▶カドミウムは天然では亜鉛鉱石にわずかに含まれる。写真は、鉱石の表面に黄色の粉状や皮膜状に現れた方硫カドミウム鉱。

▼「カドミウムイエロー」という黄色の顔料に使われるのは化合物の硫化カドミウムだ。

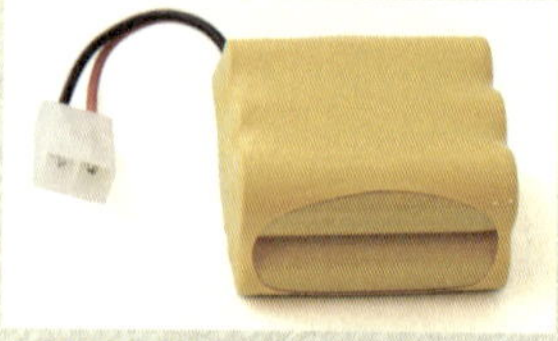

▲カドミウムはニッケル・カドミウム電池（ニカド電池）の負極材料として用いられる。

分類：その他の金属
原子量：112.414
融点：321.03℃
沸点：767℃
発見年：1817年
発見者：F・シュトロマイヤー（独）
名称の由来：フェニキアの王子「カドムス（Cadmus）」

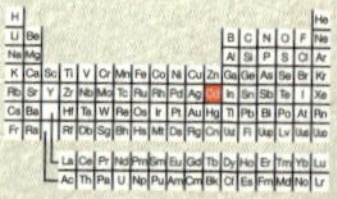

49
In
Indium

インジウム

液晶ディスプレイに欠かせない金属元素

▲テレビやパソコン、スマートフォンなどの液晶ディスプレイには、インジウムを用いたITO（透明導電膜）が透明電極として使われている。

◀インジウムは閃亜鉛鉱に含まれる。かつて北海道札幌市の豊羽鉱山はインジウムの埋蔵量・産出量とも世界一だったが、現在は枯渇してしまっている。

1863年、ドイツの鉱物学者テオドール・リヒターと化学者フェルディナント・ライヒによって、閃亜鉛鉱を分析している中で見つかった。発見したスペクトルが濃い藍色（インディゴ）であることから、インジウムと命名した。

インジウムは軟らかい銀白色の金属で、レアメタルのひとつだ。大気中では光沢のある酸化膜を作り、安定していて水にも反応しない。シリコンやゲルマニウムとの化合物は、半導体材料に使用される。また、酸化インジウムと酸化スズの化合物である「ITO（透明導電膜）」は電気伝導性があり、かつ薄膜にすると透明になる性質を持つため、液晶などのフラットパネルディスプレイに透明電極として組み込まれる。

分類：その他の金属
原子量：114.818
融点：156.5985℃
沸点：2072℃
発見年：1863年
発見者：T・リヒター&F・ライヒ（独）
名称の由来：ラテン語の「藍色（indicum）」

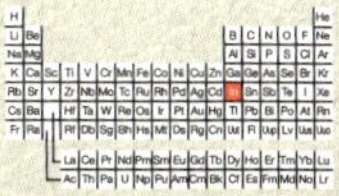

50
Sn
Tin

スズ

歴史の一時代を築いた金属元素

分類：その他の金属
原子量：118.710
融点：231.928℃
沸点：2603℃
発見年：—
発見者：—
名称の由来：ラテン語の「スズ（stannum）」

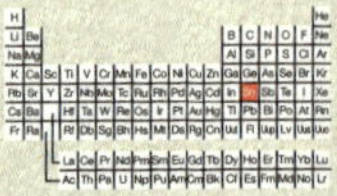

ひとつの時代を築いた元素

スズは、銅や鉄などと同様に古代から知られている元素だ。元素記号のSnは、ラテン語の「スズ（stannum）」に由来する。また、英語名の「tin」はエトルリア文明の神「ティニア（Tinia）」に、そして日本語名は「清らかな鉛（清鉛）」にそれぞれ由来している。

石器の時代を終わらせ、鉄が登場するまでひとつの時代を築いた「青銅」は、スズと銅の合金である。硬いが、鋳造や加工が容易であったため、青銅器時代には装身具から武器、防具にいたるまで、幅広く使われていた。

単体のスズは軟らかい銀白色の金属で、日本では別名「しろなまり」と呼ばれていた。大気中では表面に酸化膜を作り、内部までは酸素に浸食されない。

多くの同位体が存在することもスズの特徴で、自然界に存在する10種類を含め、21種類もの同位体が確認されている。

合金や耐食メッキに利用される

スズは酸ともアルカリとも反応する「両性元素」で、現代でも「はんだ」や合金、メッキなど広く利用されている。たとえば、薄い鉄板にスズのメッキをした鋼板が「ブリキ」である。表面にメッキされたスズが鉄の酸化を防ぎ、耐久性を高めているのだ。また、電気回路に使わ

▲(上)ブリキ製のバケツ。かつてはブリキ製の玩具も多く作られていた。(下)ピューター製のワインゴブレット。ピューターはスズとアンチモンの合金だ。

▲スズの重要な鉱石であるスズ石の結晶。スズは古代より使われてきた金属のひとつで、このスズ石から製錬されて利用された。

れるはんだは、スズと鉛の合金である。中世ヨーロッパでは、スズを主成分とした合金のピューターが高級食器として使われてきた。日本では、ピューターを「しろめ」とも呼ぶ。

　酸化スズは、透明で電気伝導性を持つという特徴がある。酸化スズの皮膜を施したガラスを「伝導ガラス」と呼び、航空機の風防ガラスなどに使われる。伝導ガラスに電気を流すことで、ガラスを温め、氷結を防ぐことができるのだ。酸化スズと酸化インジウムの化合物は、液晶などの透明電極として使われている。

　また、有機スズ化合物は海藻や貝類などの付着を防ぐことができるため、船舶の海面下部分に塗料（船底塗料）や付着生物の除去剤として使われていた。しかし、有機スズ化合物は毒性が高く、海洋生物のみならず人体へも影響を及ぼす「環境ホルモン」のひとつとされ、現在では国際的に使用を禁じられている。

51
Sb
Antimony

クレオパトラに愛された元素

アンチモン

アンチモンは古くから知られていた元素だと考えられている。錬金術師などが使用したという記録も残っている。語源については諸説が入り交じり明らかではないが、元素記号のSbはラテン語の「眉墨（stibium）」に由来する。

　エジプトの女王クレオパトラも使っていたと伝えられるが、当時の眉墨やアイシャドウは黒色の鉱物を粉にしたもので、硫化アンチモンを主成分とする輝安鉱が使われていたと考えられる。ただし、アンチモンは100ミリグラムで中毒症状を示すほど、非常に毒性が強いため、今は使われることはない。

　単体のアンチモンは、銀白色の半金属で半導体の材料となる。また、三酸化アンチモンは防炎材としてカーテンや織物などに使われるほか、難燃剤としてプラスチックに添加される。

▲アンチモンの代表的な鉱物、輝安鉱。硫化アンチモンを成分とし、銀色で美しい柱状の結晶を作る。

◀古代エジプトやギリシアでは、眉墨やアイシャドウに粉末にしたアンチモンを使っていたと思われる。

分類：非金属（半金属）
原子量：121.760
融点：630.74℃
沸点：1587℃
発見年：—
発見者：—
名称の由来：諸説あり

Part 1
Part 2
第1~3周期
第4周期
第5周期
第6周期
第7周期

52
Te
Tellurium

テルル

書き換え可能な光ディスクに欠かせない

1782年にオーストリアの化学者フランツ・ミュラーによって発見され、1798年にドイツの化学者マルティン・クラプロートによって抽出された。名称の由来はラテン語の「地球」とされるが、クラプロートが以前発見したウランにちなんで命名された新惑星「ウラヌス」に対抗し、ローマ神話における大地の女神「テルス」に由来するともいわれる。

陶磁器やエナメルガラスに、赤や黄色の色をつけるための添加剤として使われるほか、テルルとビスマスの合金は、赤外線カメラなどの熱電変換素子として使われる。また、ゲルマニウム、アンチモン、テルルの合金は、レーザー光によって「アモルファス（非結晶）」へと相変※化する。可逆性があるため、ＤＶＤなどの書き換え可能な光ディスクに使われている。

▲テルルはレーザーの熱によって、結晶相とアモルファス（非結晶）相の間を変化する性質があることから、書き換え可能な光ディスクの記録層に用いられる。

▶テルルはやや黒ずんだ銀白色の非金属結晶で、化合物には毒性がある。

分類：非金属（半金属）
原子量：127.60
融点：449.8℃
沸点：991℃
発見年：1782年
発見者：フランツ・ミュラー（墺）
名称の由来：ラテン語の「地球（tellus）」

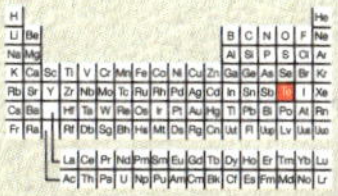

※相変化：たとえば、水が氷になったり、水蒸気になるなど、ひとつの相（物理的状態）からほかの相へ変化する現象。相転移ともいう。

53
I
Iodine

ヨウ素

消毒薬やうがい薬に利用される元素

殺菌・抗ウィルス作用を持つ

ヨウ素は、フランスの化学者ベルナール・クールトアが1811年に海藻の灰から発見した元素で、1813年にフランスの化学者ジョセフ・レイ・ゲイ＝リュサックが元素であると発表している。ヨウ素の由来となったギリシア語の「iodes」という言葉は「すみれ色（薄紫色）」という意味で、ヨウ素を加熱した際に発生する蒸気の色にちなんで名づけられた。

単体のヨウ素は黒紫色の非金属元素で、水には溶けにくいが有機溶剤にはよく溶け、紫色や茶褐色の液体となる。

ヨウ素には、それ自身に殺菌作用や抗ウィルス作用があるため、医薬品としての利用価値が高い。たとえば、殺菌薬・消毒薬として使われる「ヨードチンキ」は、ヨウ素をアルコール（エタノール）溶液に溶かしたもので、口内殺菌薬などノドの炎症を抑える薬として使われる「ルゴール液（複方ヨード・グリセリン）」は、ヨウ素とヨウ化カリウムのグリセリン溶液だ。

ヨウ素欠乏は甲状腺異常を起こす

工業用としては、ハロゲンランプに使われる。ヨウ素をハロゲンランプ内に加えることで、フィラメントとして使われているタングステンが、蒸発してガラス面に黒く付着する黒化作用を防ぐ役割を果たすのだ。

分類：ハロゲン
原子量：126.90447
融点：113.6℃
沸点：184.35℃
発見年：1811年
発見者：ベルナール・クールトア（仏）
名称の由来：ギリシア語の「すみれ色（iodes）」

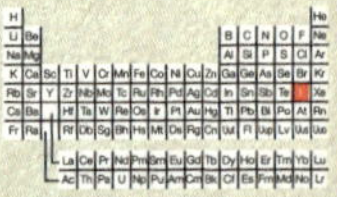

▲チェルノブイリ原子力発電所。爆発事故で飛散したヨウ素131による被爆被害が問題になっている。

▲ヨウ素は海草類に特に多く含まれている。

▶ヨウ素とヨウ化カリウムをエタノールに溶かした「ヨードチンキ」。ヨウ素の殺菌作用を利用し、キズの殺菌・消毒薬として使われる。

　また、ヨウ素は人体にとって超微量元素のひとつで、体重70キログラムの人間は、体内に平均して11ミリグラムのヨウ素が存在している。体内に摂取・吸収されたヨウ素は、血液から甲状腺に集まり、蓄積される。

　ヨウ素が不足すると「ヨード欠乏症」となり、甲状腺に異常が起きる。日本人は海藻などから自然にヨウ素を摂取しているため、ヨウ素が不足する心配はほとんどないが、普段の食生活で海産物を摂取する習慣がない地域では、ヨウ素を添加した食品も売られている。とはいえ、ヨウ素の取り過ぎもよくない。過剰摂取すると甲状腺肥大を招いてしまうのだ。

　また、１９８６年に起きたウクライナのチェルノブイリ原発事故では、放射性物質であるヨウ素１３１が大量に放出された。ヨウ素は甲状腺に蓄積する性質があるため、事故後、周辺住民の中で甲状腺がんが多発している。

54
Xe
Xenon

キセノン

不活性ガスの常識を破った元素

存在量が少ない希ガス

1898年、イギリスの化学者ウィリアム・ラムゼーとモーリス・トラバースにより、液体空気の中からネオン、クリプトンとともに発見された。名称は、ギリシア語で「異邦人、見慣れないもの」という意味の「xenos」に由来する。キセノンは周期表では第18族に属し、希ガスと呼ばれる不活性ガスである。大気中にも存在するが、微量であるため非常に高価で、あまり一般的には使われない。スズに次いで、安定同位体が多い元素だ。また、ヘリウムなどの他の希ガス同様、ゴムやビニールを透過することから、保存には希ガスを透過しないガラス容器などの素材が使われる。

希ガスは反応性が低いため、天然の化合物は見つかっていない。それが不活性ガスという呼び名の由来でもあるのだが、この常識を破ったのが、ブリティッシュコロンビア大学のニール・バートレットが1962年に行った実験で、キセノンとヘキサフルオロ白金から、初めての希ガス化合物「ヘキサフルオロロジウム酸キセノン」の合成に成功した。これを皮切りに、次々と希ガス化合物が作られるようになった。

科学分野や医療分野での活用も

キセノンは、透明な発光管内に封入し、電圧をかけることで発光させる「キセノンランプ」

分類:希ガス
原子量:131.293
融点:−111.9℃
沸点:−108.1℃
発見年:1898年
発見者:W・ラムゼー&M・トラバース(英)
名称の由来:ギリシア語の「異邦人(xenos)」

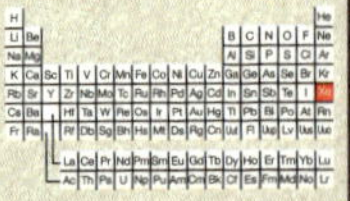

に代表されるように、主に光源用材料として広く利用されている。キセノンによる光は、紫外線から赤外線までの幅広い波長を含んでおり、極めて自然光に近いのが特徴だ。スポットライトやスタジオ用ストロボ、内視鏡、集魚灯、高級車用のヘッドライトなどとして使わている。

一方、キセノンは科学分野でも活用されている。ＮＡＳＡ（アメリカ航空宇宙局）は、南極で見つかった隕石に含まれるキセノンなどの希ガスの組成を調べ、それを火星の大気データと比較することで、隕石が火星から来たものであることを明らかにした。

また、東京大学宇宙線研究所の神岡宇宙素粒子研究施設では、液体キセノンを使って未知の物質「ダークマター」を検出する「ＸＭＡＳＳ実験」が進められている。さらに、キセノンは麻酔効果も持っていることから、医療分野への応用なども期待されている。

▲キセノンランプは視認性もよく、自動車のヘッドライトなどに利用される。

▲イオンエンジンを搭載したNASAの惑星探査機ドーン(イメージ)。キセノンは惑星探査機や人工衛星などが搭載するイオンエンジンの推進剤にも使われる。

▲キセノンを封入したキセノンランプ。フィラメントを用いないため、長寿命という利点がある。

「はやぶさ」を動かすキセノン

世界で初めて小惑星「イトカワ」からのサンプルリターンに成功した日本の小惑星探査機「はやぶさ」。およそ7年間、60億キロメートルにもおよぶ長期間、長距離の旅路を支えたのは、キセノンを使ったイオンエンジンだった。

イオンエンジンとは、ガスをイオン化し、電気の力で後方に押し出すことで推力を得る「電気推進エンジン」の代表例だ。イオンエンジンは、推進剤となるガスをアーク放電やマイクロ波の照射によってイオン化させ、電圧をかけた多孔電極を通すことでイオンを加速させる。イオンが飛び出すことで、運動の第三法則(作用・反作用の法則)により、エンジンを搭載した機体が前に進むのだ。

イオンエンジンの推力(機体を前方に押し出す力)は小さいが、非常に効率がいいため、推進剤が少なくてすむ。「はやぶさ」に搭載されたイオンエンジンの推力は、わずか8ミリニュートン、鼻息ほどの勢いしかない。しかし、宇宙では空気の抵抗がないため、小さな推力でも連続して運転することで、徐々にスピードを上げることができるのだ。

イオンエンジンの推進剤にキセノンやアルゴンなどの希ガス(不活性ガス)が使用されるのは、希ガスが他の金属や材料と反応しにくい(反応性が低い)ためだ。

なお、2014年12月3日に打ち上げられた小惑星探査機「はやぶさ2」には、推力を10ミリニュートンに改良したイオンエンジンが搭載され、小惑星「1999 JU3」を目指して飛行を続けている。地球への帰還予定は2020年だ。

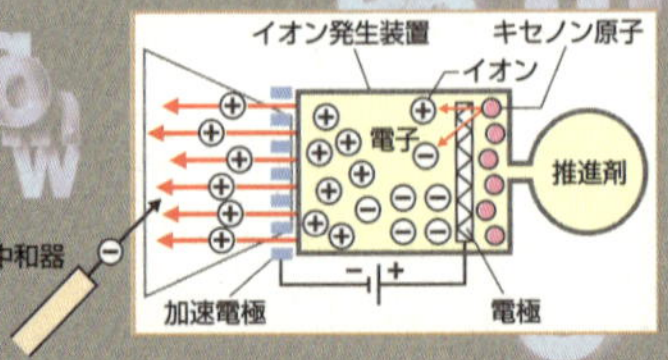

◀イオンエンジンのしくみ。イオンエンジンはキセノンなどの希ガスをプラズマにして、それを電気的に加速し、高速で噴射させることで推力を得る。

第2部
元素を知り尽くす

第6周期

セシウム／バリウム／ランタン／セリウム／プラセオジム／ネオジム／プロメチウム／サマリウム／ユウロピウム／ガドリニウム／テルビウム／ジスプロシウム／ホルミウム／エルビウム／ツリウム／イッテルビウム／ルテチウム／ハフニウム／タンタル／タングステン／レニウム／オスミウム／イリジウム／白金／金／水銀／タリウム／鉛／ビスマス／ポロニウム／アスタチン／ラドン

55
Cs
Caesium

セシウム

超高精度の原子時計に使用される

分類：アルカリ金属
原子量：132.90545196
融点：28.4℃
沸点：658℃
発見年：1860年
発見者：R・ブンゼン＆G・キルヒホッフ（独）
名称の由来：ラテン語の「灰青色（caesius）」

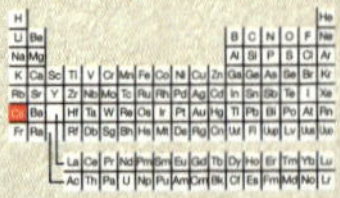

分光分析で見つかった最初の元素

１８６０年、ドイツの化学者ローベルト・ブンゼンと物理学者グスタフ・キルヒホッフは、自分たちが発明したばかりの分光器を使って、濃縮した鉱泉水の炎色反応を観察し、そこにそれまでに知られていたアルカリ金属化合物とは異なる、青色のスペクトルを見つけた。彼らは、「灰青色」を意味するラテン語の「カエジウス（caesiis）」にちなみ、この新しい元素を「セシウム」と名づけた。

セシウムは、分光分析によって発見された最初の元素となった。この発見以降、いくつかの元素が分光分析によって発見されている。なお、単体としてのセシウムは、１８８２年に化学者カール・セッテルベルグによって抽出された。

セシウムは、周期表の第1族に属するアルカリ金属のひとつで、軟らかく展性に富んでいる。セシウムの反応性はアルカリ金属の中でも最大で、常温でも空気中ですぐに酸化し、金色へと変化する。融点は28・4℃で、少し暖かいと液化してしまう。また、水と反応させると、爆発的な反応を見せて水素ガスを発生させる。このときにできる水酸化セシウムは、水酸化合物の中でもっともアルカリ性が強い物質だ。

1秒の基準となったセシウム

セシウムの同位体として、セシウム１１２か

▲分光分析によってセシウムを発見したグスタフ・キルヒホッフ（左）とローベルト・ブンゼン（右）。

▲セシウムは黄色がかった銀色をした金属で、融点が28.4℃と低いため、気温が高いと液化する。

▲スイス連邦軽量・認定局（METAS）にあるセシウム原子時計FOCS-1。3000万年に1秒以下の誤差で、世界でもっとも正確な時計のひとつといわれる。

ら151まで、39種類が見つかっている。セシウム同位体の中で唯一の安定同位体であるセシウム133は、セシウム原子時計に利用されている。

　1967年に開催された国際度量衡総会で、それまで地球の自転を基準として決められていた「1秒」の定義を、セシウム133原子の電子状態が変化する際に放出される発光スペクトルの振動数を基準とすることに変更された。セシウム133が1秒の基準となったわけだ。

　一方、放射性同位体のセシウム137は、核爆発実験や原子力発電所の事故によって放出される核分裂生成物に含まれ、大気中に拡散したのち、徐々に地表へと降下する。セシウム137はカリウムやナトリウムに化学的性質が似ているため、体内に蓄積しやすいと考えられており、また半減期が約30年と長いことから、人体への影響が危惧されている。

56
Ba
Barium

レントゲン検査でおなじみの元素

バリウム

バリウムを含んだ鉱石自体は17世紀から知られており、錬金術師は光を当てると蛍光を発するボローニャ石（重晶石）などを利用していた。このボローニャ石からバリウムを単離したのはイギリスの化学者ハンフリー・デービーで、1808年のことだ。彼は、すでに知られていた同族（周期表の第2族）の元素よりも重いことから、ギリシア語の「重い（barys）」という言葉にちなんで命名した。

　バリウムと聞いて真っ先に思い浮かぶのは、胃のレントゲン検査で飲む造影剤だろう。これはバリウムのX線を通しにくい性質を利用したもので、純粋なバリウムではなく、硫酸バリウムに粘着剤を加えて水に溶かし、味つけをしたものだ。そのほか、化合物の硝酸バリウムは花火の材料として使われている。

▲バリウムの主要な鉱石である重晶石。主成分は硫酸バリウムで、板状の結晶が花のように見えるものを「砂漠のバラ」と呼ぶ。

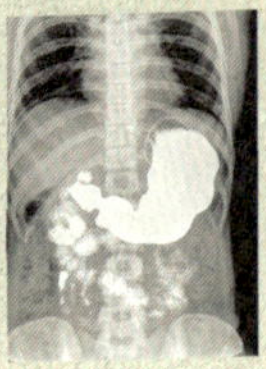

▶（左）バリウムは炎色反応で緑色を示すことから、緑の色合いを出す原料として花火に使われる。（右）バリウム造影剤を飲んで撮影した胃部のレントゲン写真。

分類：アルカリ土類金属
原子量：137.327
融点：729℃
沸点：1898℃
発見年：1808年
発見者：ハンフリー・デービー（英）
名称の由来：ギリシア語の「重い（barys）」

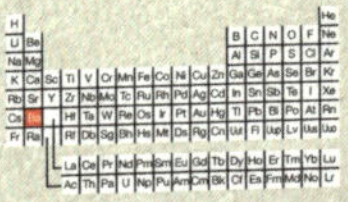

Part 1
Part 2
第1～3周期
第4周期
第5周期
第6周期
第7周期

57
La
Lanthanum

ランタン

ランタノイドの最初に位置するレアアース

▶単体のランタンは銀白色の金属で、レアアースのひとつだ。酸化ランタンは高屈折、低分散の光学レンズとして、一眼レフカメラや天体望遠鏡などに使われている。

▼ランタン、セリウム、ネオジムを主成分とする混合物のミッシュメタルは、ライターの発火石に用いられる。

「ランタノイド」に分類される最初の元素ランタンは、１８３９年、スウェーデンの化学者カール・グスタフ・モサンダーが、セリウムの化合物からランタンの酸化物（ランタナ）を抽出して発見した。セリウムの影に隠れてなかなか見つからなかったことから、ギリシア語の「隠れる（lanthanein）」にちなんで命名された。

ランタンとセリウム、ネオジムなどのレアアース（希土類）の混合物「ミッシュメタル」は、発火合金としてライターの点火部に使われる。酸化物の酸化ランタンは、セラミックコンデンサや高屈折率の光学レンズに使用される。また、ランタンとニッケルの合金には水素を貯蔵する性質があり、燃料電池車への利用が期待されている。

分類：ランタノイド
原子量：138.90547
融点：920℃
沸点：3461℃
発見年：1839年
発見者：カール・G・モサンダー（スウェーデン）
名称の由来：ギリシア語の「隠れる（lanthanein）」

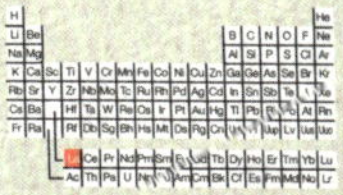

58
Ce
Cerium

セリウム

紫外線カットに役立つレアアース

1803年、スウェーデンの化学者イェンス・ベルセリウスとウィルヘルム・ヒージンガーが、セル石と呼ばれる鉱石から取り出した酸化物より分離した。同年、ドイツの化学者マルティン・クラプロートも同じように新元素を発見したため、第一発見者をめぐって国家間の争いにまでなった。元素名は、当時発見されたばかりの天体が、ローマ神話の女神にちなんで「ケレス」と名づけられたことに由来する。

　セリウムは、ランタノイドの中で地殻にもっとも多く含まれている。セリウムの化合物はガラスや液晶パネル、宝石の研磨剤に使われるほか、紫外線吸収ガラスの製造に用いられる。一酸化炭素、窒素酸化物を素早く酸化・還元できるため、自動車の触媒としても期待されている。

分類：ランタノイド
原子量：140.116
融点：799℃
沸点：3426℃
発見年：1803年
発見者：J・ベルセリウス＆W・ヒージンガー（スウェーデン）
名称の由来：準惑星の「ケレス（Ceres）」

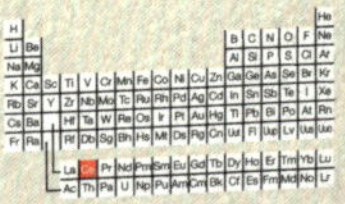

▲▶セリウムは黄色みを帯びた銀白色の金属で、紫外線を強く吸収する性質があるため、自動車のガラスやサングラス、日焼け止め化粧品などに使われている。

59
Pr
Praseodymium

プラセオジム

顔料や溶接作業用ゴーグルに使われる

▲工業用途は比較的少ないが、酸化プラセオジムの青い光を吸収する性質を生かし、同様に黄色い光を吸収する酸化ネオジムと混ぜて、溶接作業用のゴーグルのガラス部分に使われている。

１８８５年、オーストリアの化学者カール・ヴェルスバッハが、それまで長い間純粋な元素として信じられていた「ジジミウム」（ギリシア語の「双子（didymos）」に由来）から、ネオジムとともにプラセオジムを分離した。プラセオジム結晶が緑色をしていたため、ギリシア語で「ニラ」を意味する「prasios」とジジミウムを組み合わせて「プラセオジム」と名づけられた。

プラセオジム金属は銀白色だが、大気中では表面に酸化膜を作り、黄色を帯びる。ガラスの着色剤として使われるほか、緑がかった黄色を出す陶器の釉薬として広く利用される。また、プラセオジム磁石は物理的な強度が高く、複雑な加工が可能で錆びにくいという利点がある。

分類：ランタノイド
原子量：140.90766
融点：931℃
沸点：3520℃
発見年：1885年
発見者：カール・ヴェルスバッハ（墺）
名称の由来：ギリシア語の「ニラ（prasios）」＋ジジミウム

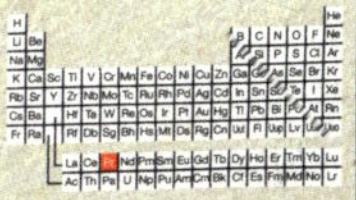

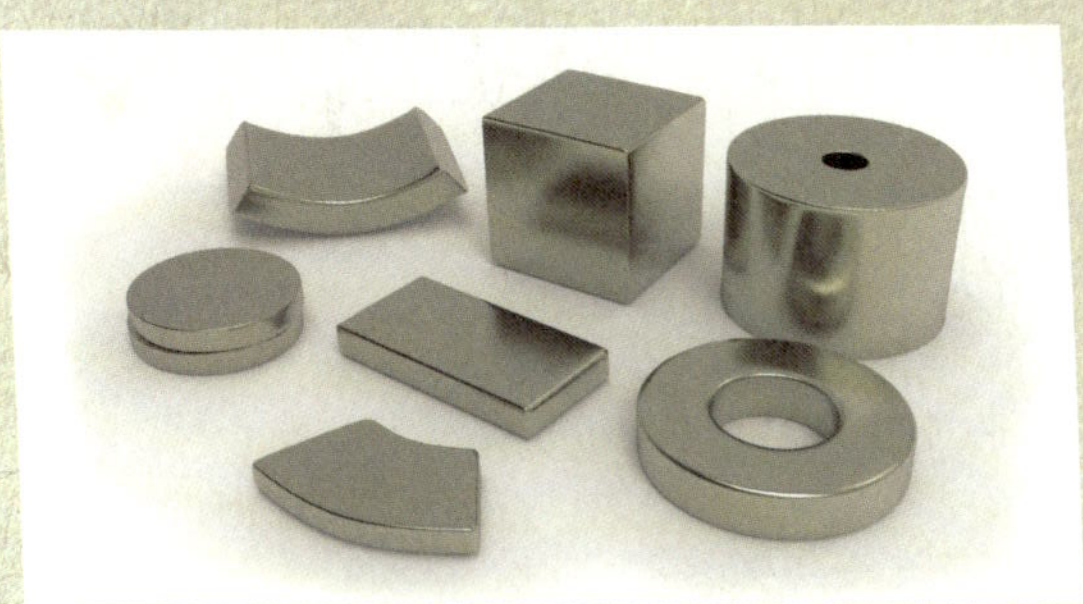

▲日本で開発された「ネオジム磁石」。市販されている磁石の中ではもっとも強力で、「世界最強の永久磁石」と称されている。

▶(左)216個の球形ネオジム磁石で作られた「ネオキューブ」。さまざまな形に組み立てられるとして人気の玩具だ。(右)ネオジムとプラセオジムを発見したカール・ヴェルスバッハ。

60
Nd
Neodymium

ネオジム

日本が生んだ最強のネオジム磁石

1885年、オーストリアの化学者カール・ヴェルスバッハが、それまで長い間純粋な元素として信じられていたジジミウムから、プラセオジムとともにネオジムを分離した。元素名は、ラテン語の「新しい（neos）」とジジミウムを組み合わせて命名された。日本では、ドイツ語にならって「ネオジム」と表記する。

ネオジム、鉄、ホウ素の化合物として作られる「ネオジム磁石」は、日本で開発された磁石だ。※フェライト磁石の10倍の強さを持つ「世界最強の永久磁石」と呼ばれ、高性能モーターやスピーカーのほか、小型化も可能なため、カメラやヘッドフォン、携帯電話にバイブ機能を施す小型モーターなどにも使われている。

分類：ランタノイド
原子量：144.242
融点：1021℃
沸点：3074℃
発見年：1885年
発見者：カール・ヴェルスバッハ（墺）
名称の由来：ギリシア語の「新しい（neos）」＋ジジミウム

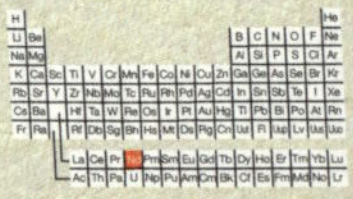

ェライト磁石：酸化物を主成分に、コバルトやニッケル、マンガンなどを混合焼成した磁性体。

▲放射性を持つプロメチウムは暗闇で青白く光るため、かつては時計の文字盤などの夜光塗料として用いられていたが、現在は使用されていない。写真はプロメチウムを含む夜光塗料を塗布されたボタン。

61
Pm
Promethium

ランタノイドで唯一の人工放射性元素

プロメチウム

１９１３年、イギリスの物理学者ヘンリー・モーズリーが、原子の出すX線と原子番号に関連があることを見つけた（モーズリーの法則）。これによって周期表が修正され、61番目の元素が存在することが明らかになった。１９４７年、アメリカのオークリッジ国立研究所の化学者らが※イオン交換法を用いて、核分裂生成物からプロメチウムの同位体であるプロメチウム１４７とプロメチウム１４９を発見した。元素名は、ギリシア神話で人類に火をもたらした神「プロメテウス」に由来する。

プロメチウムは、すべての核種（48ページ参照）が放射性であり、安定同位体がないため、一般に利用できる化合物はない。

分類：ランタノイド
原子量：145
融点：1100℃
沸点：3000℃
発見年：1947年
発見者：J・A・マリンスキー他（米）
名称の由来：ギリシア神話の神「プロメテウス（Prometheus）」

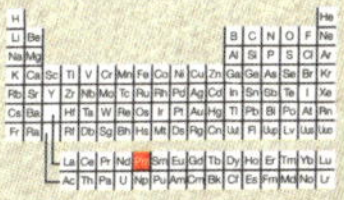

※イオン交換法：電解質溶液の中に置かれた物質がイオンを放出し、代わりに溶液内のイオンを取り込む現象を利用した手法のこと。

62
Sm
Samarium

サマリウム

永久磁石や年代測定法に活用される

1840年にサマルスキー石から発見されたジジミウムは、長い間純粋な元素と信じられてきたが、1879年、フランスの化学者ポール・ボアボードランがジジミウムから新しい元素の分離に成功した。新元素は、鉱物の発見者サマルスキーと鉱物の名前にちなんで「サマリウム」と名づけられた。

サマリウムとコバルトを使った永久磁石「サマリウム・コバルト磁石」は、ネオジム磁石が登場するまで最強の磁石であった。ネオジム磁石よりも錆に強くて耐久性も高いが、高価であるため、時計など小型機器への利用が主である。

また、サマリウムの天然放射性同位体は半減期が非常に長いため、この半減期を利用して、太陽系内にある天体の岩石サンプルから年代を測定する際に使われている。

▲単体のサマリウムは鈍い銀白色の金属で、プラセオジムやネオジムと同様に、磁石の原料としてモーターや時計、スピーカー、ヘッドホンなど幅広く利用される。

▶南極で採取された「アラン・ヒルズ84001」。サマリウム147(半減期1080億年)を用いた放射年代測定などから、約1万3000年前に地球へ落下した火星起源の隕石片であることが判明した。

分類：ランタノイド
原子量：150.36
融点：1072℃
沸点：1791℃
発見年：1879年
発見者：ポール・ボアボードラン(仏)
名称の由来：鉱物の発見者とサマルスキー石

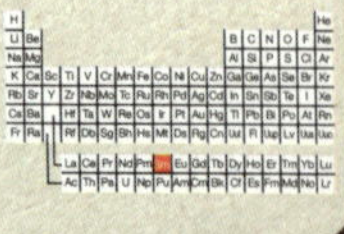

Part 1
Part 2
第1～3周期
第4周期
第5周期
第6周期
第7周期

63
Eu
Europium

ユウロピウム

赤色の蛍光体として活躍する元素

▲ユウロピウムはレアアース（希土類）の中ではもっとも産出量が少ない元素だ。かつてはブラウン管の蛍光体に使用され、現在の液晶テレビでも赤色の発光体として用いられている。

1896年、フランスのウジェーヌ＝アントール・ドマルセーは、純粋なサマリウムと考えられていた物質から新たなスペクトルを持つ物質を発見した。1901年には分離に成功、この元素を、ヨーロッパ大陸にちなんで「ユウロピウム」と名づけた。

かつてはブラウン管で赤色の蛍光体として使われており、「キドカラー」として市販されたカラーテレビのブラウン管には、蛍光体にユウロピウムをはじめとするレアアース（希土類）が使われていた。現在も、より自然な色に近くなる蛍光灯や蛍光塗料に利用される。また、EU（ヨーロッパ連合）のユーロ紙幣には、偽造防止対策としてユウロピウム・インクが使われている。

▲「3波長形」と呼ばれる蛍光灯にも蛍光体として使われている。

分類：ランタノイド
原子量：151.964
融点：822℃
沸点：1529℃
発見年：1901年
発見者：E・A・ドマルセー（仏）
名称の由来：発見地の「ヨーロッパ（Europe）」

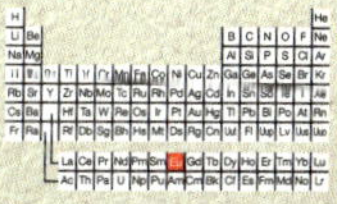

64
Gd
Gadolinium

ガドリニウム

磁性材料やＭＲＩの造影剤に利用される

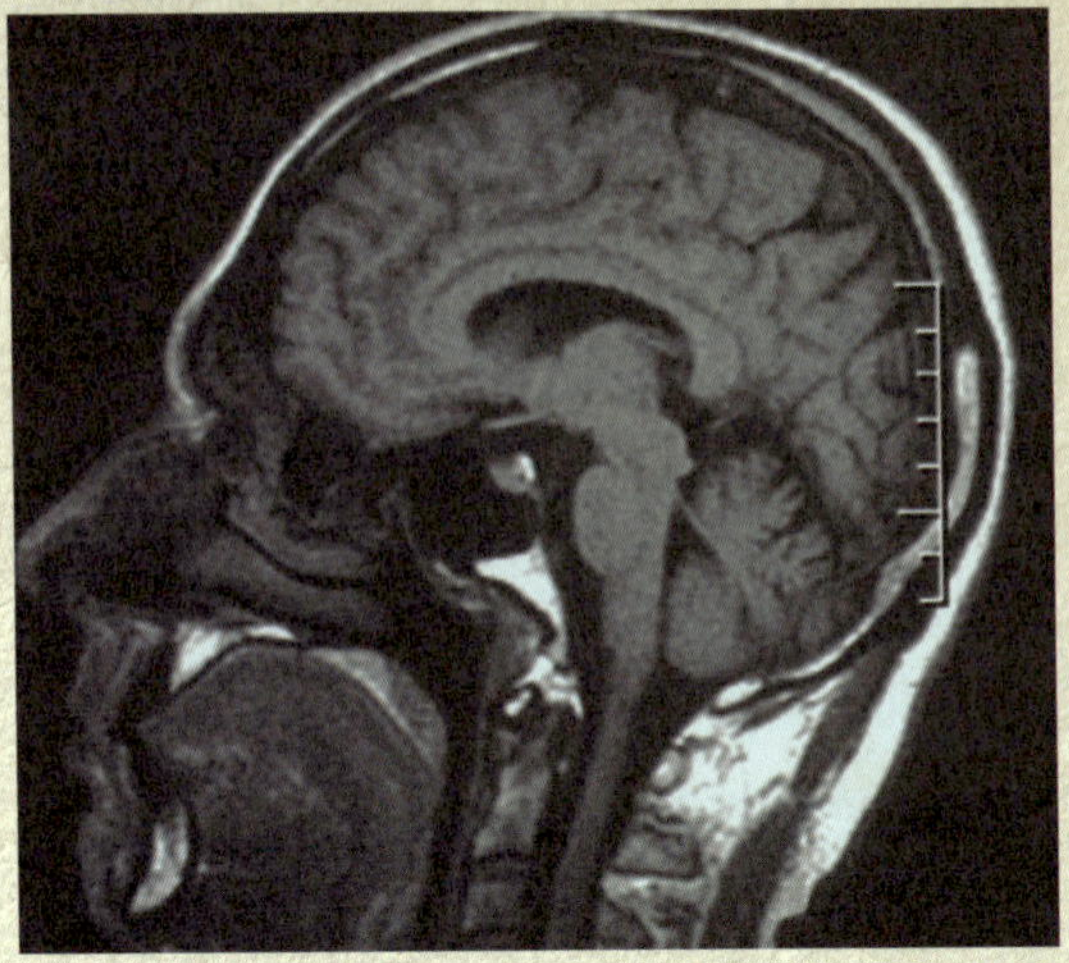

▲MRI（磁気共鳴画像）装置による頭部の断層写真。造影剤としてガドリニウム化合物を体内に投与することで、画像にコントラストをつけることができる。

１８７８年にイッテルビウムを発見したスイスの化学者ジャン・シャルル・ガリサール・ド・マリニャックは、フランスの化学者ポール・ボアボードランがジジミウムからサマリウムを分離したことを聞き、１８８０年にサマリウム抽出の追試を行って新たな元素を発見した。１８８６年にボアボードランがこれを新しい元素と確認し、最初に希土類を発見した化学者ヨハン・ガドリンにちなんで元素名を定めた。

ガドリニウムは常温でも高い磁性を持つため、光磁気記録用ディスク（光ディスク）に使われる。また、ＭＲＩ（磁気共鳴画像）の造影剤として使われるほか、中性子を吸収する性質を生かし、原子炉の制御材としても使用されている。

分類：ランタノイド
原子量：157.25
融点：1312℃
沸点：3266℃
発見年：1880年
発見者：ジャン・C・G・de・マリニャック（スイス）
名称の由来：希土類の発見者「ガドリン」

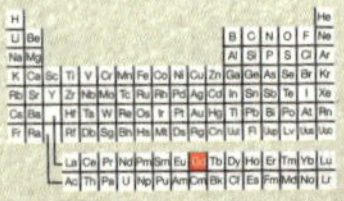

65
Tb
Terbium

テルビウム

磁力で伸び縮みする性質を持つ元素

フィンランドの化学者ヨハン・ガドリンが発見したイットリウムの酸化化合物から、1843年にスウェーデンの化学者カール・グスタフ・モサンダーが、イットリウムとエルビウムとともに発見した。元素名は、発見の鍵となった鉱石が産出するスウェーデンの小さな町「イッテルビー」に由来する。

テルビウムはテレビのブラウン管で緑色を出すための蛍光体として使われているほか、水銀灯の蛍光体や光ディスクの材料としても用いられる。また、テルビウム、ジスプロシウム、鉄の合金は、外部磁気の方向や大きさによって伸び縮みする性質があることから、これを利用してプリンターの印字ヘッドに使われている。

▶テルビウムは主にゼノタイムやガドリン石などにわずかに含まれる。緑色の蛍光を発することから、ブラウン管テレビで緑色を出すために用いられる。

分類:ランタノイド
原子量:158.92535
融点:1356℃
沸点:3230℃
発見年:1843年
発見者:カール・G・モサンダー(スウェーデン)
名称の由来:産出地の「イッテルビー(Ytterby)」

◀テルビウム、ジスプロシウム、鉄の合金は、インクジェットプリンターの印字ヘッドや精密加工機に利用されている。

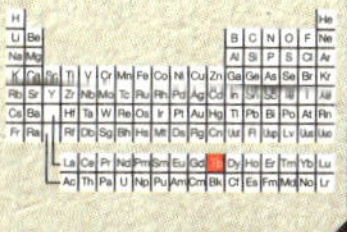

66
Dy
Dysprosium

ジスプロシウム

放射性物質を含まない夜光塗料の原料

▲ジスプロシウムの蓄光性を利用した夜光塗料「ルミノーバ」(開発は根本特殊化学)は、放射性物質を含まず、かつ長時間発光するため、非常口のマークなどの誘導標識に利用されている。

1886年、フランスの化学者ポール・ボアボードランが、純粋なホルミウムと思われていた物質を分析したところ、未知のスペクトルを発見。彼は再結晶化を繰り返し、ホルミウムから新しい元素を取り出した。

ジスプロシウムは光のエネルギーを溜めて発光する性質（蓄光）を持ち、夜光塗料として使用される。また、鉛とジスプロシウムの合金は中性子を吸収するため、原子炉の使用済核燃料などの放射線遮蔽材として使われる。さらに、「世界最強の永久磁石」といわれるネオジム磁石は、80℃以上の高温になると磁力が低下する。そこで、ジスプロシウムを添加することで、200℃程度まで使用できるようになるのだ。その性質を生かして、ハイブリッド車の駆動モーターなどに使用されている。

分類：ランタノイド
原子量：162.500
融点：1412℃
沸点：2567℃
発見年：1886年
発見者：ポール・ボアボードラン（仏）
名称の由来：ギリシア語の「得がたい(dysprositos)」

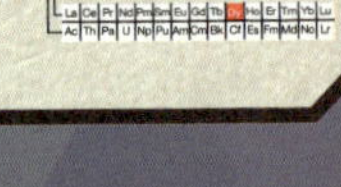

67
Ho
Holmium

ホルミウム

医療用レーザーとして活躍する

ホルミウムは、スウェーデンの化学者ペール・テオドール・クレーベが、1879年にエルビウムの酸化物からツリウムとともに分離した元素だ。元素名は、スウェーデンの首都ストックホルムの古い名称「ホルミア」にちなんで名づけられた。

▲ホルミウムは銀白色をした軟らかい金属だ。地殻中の含有量が少なく、高価なため、工業的に多用されてはいない。

ホルミウムは、銀白色の光沢を持つ金属で、大気中でも安定しているが、加熱・加湿すると急速に錆びる。酸化物の酸化ホルミウムをガラスに混入すると淡い黄色を示すことから、ガラスの着色剤として使われる。また、YAGレーザー（132ページ参照）にホルミウムを添加したYAGホルミウムレーザーは、他のレーザーに比べて発熱量が少なく、組織の深部に影響を与えずに表面の切開と止血が行えるため、医療用レーザーとして尿管結石の破砕や前立腺切除の手術に用いられている。

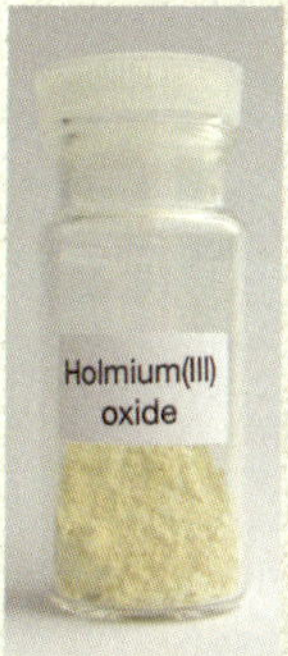

▲酸化ホルミウムの粉末。ガラスに混ぜると淡い黄色の色ガラスができる。

分類：ランタノイド
原子量：164.93033
融点：1474℃
沸点：2700℃
発見年：1879年
発見者：P・T・クレーベ（スウェーデン）
名称の由来：ストックホルムの古名「ホルミア（Holmia）」

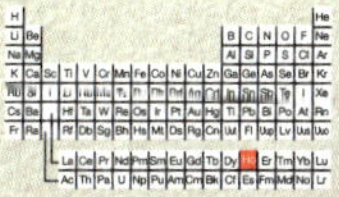

68
Er
Erbium

エルビウム

光ファイバーの長距離通信を可能にした

分類：ランタノイド
原子量：167.259
融点：1529℃
沸点：2868℃
発見年：1843年
発見者：カール・G・モサンダー（スウェーデン）
名称の由来：産出地の「イッテルビー（Ytterby）」

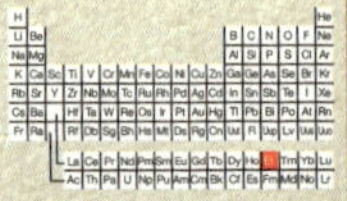

▲光ファイバーを利用し、高速化・大容量化を実現した通信において、光を増幅する作用のあるエルビウムを光ファイバーに添加することで、長距離化が可能になった。

ヨハン・ガドリンが発見したイットリウムの酸化化合物から、1843年にスウェーデンの化学者カール・グスタフ・モサンダーが、テルビウムとともに発見した。元素名はテルビウム同様、鉱石の産出する町の名前に由来する。

従来、主流となっている光ファイバーは石英ガラスで作られているが、長距離通信では信号強度が低下するため、途中で増幅する必要がある。そこで、エルビウムを添加した光ファイバー（EDF）を「光アンプ※」として一定距離ごとに配置する。EDFには光が通過するだけで光エネルギーを増幅する働きがあるためだ。それにより、1000キロメートル以上離れた場所へも、信号を光のままで送ることが可能になった。また、酸化エルビウムはピンク色のガラスの着色剤としても使われる。

※光アンプ：光信号を光のまま増幅する装置。

69
Tm
Thulium

ツリウム

レアアース中もっとも希少な元素

▲ツリウムはレアアース（希土類）の中で、地殻中の存在量がもっとも少ない元素だ。写真はツリウムを含有する主要な鉱石ゼノタイム。

スウェーデンの化学者ペール・テオドール・クレーベが、1879年にエルビウムの酸化物からホルミウムとともに分離した。元素名の由来は諸説あるが、スカンジナビアの古い名称「ツーレ」にちなんだとする説が有力だ。

ツリウムは存在量が少なく高価なため、使用範囲が限られている。主な用途としては、エルビウムと同様に、光ファイバーの添加剤として使われる。ツリウムを光ファイバーに添加した「光アンプ」を用いることで、エルビウムを添加した光ファイバーによる光アンプが対応していない波長帯の光を増幅できるようになるため、光ファイバーの伝送容量を増やすことができる。

また、放射線を受けた後に加熱すると蛍光を発することから、放射線調査で使われる「熱ルミネッセンス線量計」にも利用される。

▲ツリウムとホルミウムを発見した化学者で地質学者のペール・テオドール・クレーベ。

分類：ランタノイド
原子量：168.93422
融点：1545℃
沸点：1950℃
発見年：1879年
発見者：P・T・クレーベ（スウェーデン）
名称の由来：スカンジナビアの古名「ツーレ（Thule）」

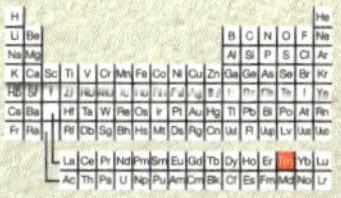

70
Yb
Ytterbium

イッテルビウム

北欧の小さな町の名を持つ元素

分類：ランタノイド
原子量：173.054
融点：819℃
沸点：1193℃
発見年：1878年
発見者：ジャン・C・G・de・マリニャック（スイス）
名称の由来：産出地の「イッテルビー（Ytterby）」

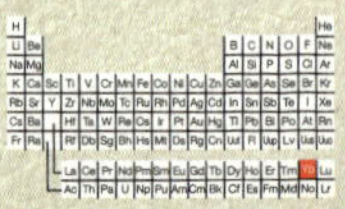

▲ストックホルムの近郊に位置するイッテルビー。ここで採掘されたガドリン石からさまざまな元素が発見されたことにより、4種類もの元素にこの小さな町にちなんだ名前がつけられている。

スウェーデンの化学者カール・グスタフ・モサンダーが1843年に発見したエルビウムは、純粋な元素だと考えられていた。しかし、1878年、エルビウムと思われていた物質から、スイスの化学者ジャン・シャルル・ガリサール・ド・マリニャックが、エルビウムとは異なる白い酸化物を分離した。彼は新元素発見のもととなったガドリン石の産出地である「イッテルビー」にちなんで「イッテルビウム」と名づけた。

イッテルビウムは銀白色の金属で、レアアース鉱物に含まれる。ガラスに添加すると黄緑色を示すことから、ガラスの着色剤として使われる。そのほか、コンデンサーの材料やレーザーの添加物、光アンプに利用される。

▲イッテルビーの採石場。

71
Lu
Lutetium

ルテチウム

金よりも高値で取引されるレアアース

分類：ランタノイド
原子量：174.9668
融点：1663℃
沸点：3402℃
発見年：1905年
発見者：カール・ヴェルスバッハ（墺）
名称の由来：パリの古名「ルテティア（Lutetia）」

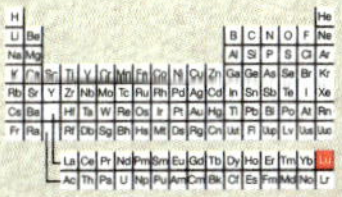

ルテチウムは、ツリウムと並んで存在量が少ない。金や銀よりは多く存在するのだが、分離に手間がかかるため、レアアース（希土類）の中ではもっとも高価な元素だ。用途としては、がんの検査のひとつ、PET（ポジトロン断層法）のシンチレーター※として利用されるほか、ルテチウムの放射性同位体は、数億年から数十億年単位の年代測定に利用されている。

▲ルテチウムは銀白色をした金属だ。存在量が少ないうえ、精製時に他の元素との分離が困難なことから、金と比べても取引価格は高くなる。

1905年、オーストリアの化学者カール・ヴェルスバッハが、イッテルビウムの中からスペクトル分析によって発見し、1907年に分離した。しかし、同じ年に単体分離に成功したフランスの化学者ジョルジュ・ユルバンのほうが先に発表したため、命名権はユルバンに渡った。元素名は、パリの古名である「ルテティア」に由来する。

▲隕石や古い地層中の岩石には、太陽系生成時の情報が隠されている。そうした数億～数十億年単位の年代測定に、ルテチウム176（半減期378億年）を使う手法が確立されている。

※シンチレーター：放射線のエネルギーを吸収して蛍光を発する物質。

72
Hf
Hafnium

ハフニウム

性質がジルコニウムによく似た元素

▲単体のハフニウムは黄色みを帯びた銀色の重い金属で、延性に富んでいる。その存在はジルコニウムの影に隠れ、130年以上も後に発見された。

デンマークの理論物理学者ニールス・ボーアは、未発見だった72番目の元素を「ジルコニウムに似た性質を持つはずだ」と予測し、ボーア研究所の物理学者ディルク・コスターと化学者ジョージ・ヘヴェシーに研究を勧めた。彼らは鉱石のジルコンの中からX線分析と分別結晶※を繰り返すことで、1923年にハフニウムを発見した。

元素名は、ボーア研究所があったコペンハーゲンのラテン語名に由来する。

ボーアの予測通り、ハフニウムの化学的性質はジルコニウムと非常によく似ていた。そのせいで両者の分離は非常に難しく、発見が遅れた要因でもある。ハフニウムは中性子の吸収率が極めて高いため、原子炉の制御棒として利用されている。逆にジルコニウムは中性子を吸収しにくい性質で、この点だけが両者の大きな違いだ。

分類：遷移元素
原子量：178.49
融点：2233℃
沸点：4603℃
発見年：1923年
発見者：D･コスター（オランダ）＆G･ヘヴェシー（ハンガリー）
名称の由来：ラテン語の「コペンハーゲン（Hafnia）」

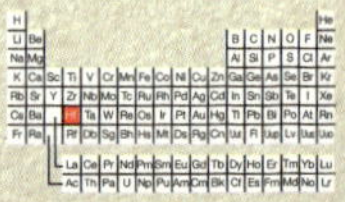

▲ハフニウムを含むジルコン。赤褐色や黄、緑、青などさまざまな色があり、純粋なものは無色透明で宝石として利用される。

※分別結晶：混合溶液中で再結晶を繰り返し、各成分を分離・精製する方法。

73
Ta
Tantalum

タンタル

電子機器の小型化に貢献した元素

タンタルは1802年、スウェーデンの化学者アンデシュ・エーケベリが発見した。ドイツの鉱物学者ハインリヒ・ローゼによって単体分離されたのは、1846年になってからだ。元素名の由来はギリシア神話の神「タンタロス」だ。タンタロスは英語の「tantalize」の語源でもあり、「じらして苦しめる」という意味がある。

▲さまざまな種類のコンデンサー。コンデンサーはタンタルの代表的な用途のひとつ。小型で大容量な点が特徴で、パソコンや携帯電話など電子機器に広く使われる。

単体でのタンタルは光沢のある灰色の金属で、すべての元素の中で3番目に融点が高い。硬いが延性や展性に富んでいるので、フィラメントや整流器、コンデンサーなど、広く利用されている。

特に、タンタルコンデンサーは小型軽量化が可能であり、電子機器の小型化や薄型化を実現した立役者といえる。

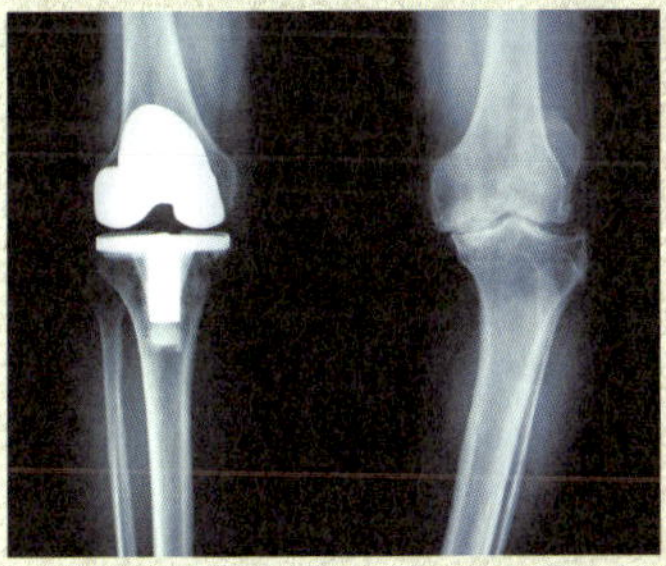

▲タンタルは人体に影響しないため、人工骨の接合ボルトや歯のインプラント治療など、医療分野にも用いられている。

分類：遷移元素
原子量：180.94788
融点：2985℃
沸点：5510℃
発見年：1802年
発見者：アンデシュ・エーケベリ（スウェーデン）
名称の由来：ギリシア神話の神「タンタロス（Tantalos）」

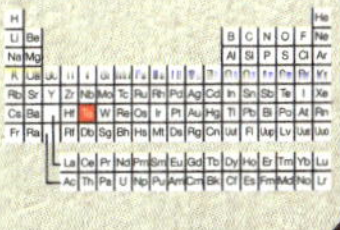

74
W
Tungsten

タングステン

全金属でもっとも融点が高いレアメタル

元素名は「スズをむさぼり食う狼」？

1781年、スウェーデンの化学者カール・ヴィルヘルム・シェーレが、灰重石という鉱石から新しい元素を含む酸化物を分離した。当時のスウェーデンでは、灰重石を「タングステン」（「重い石」という意味）と呼んでいたことから、彼は新元素をそう名づけた。

一方、1783年にスペインの化学者で兄弟のファン・ホセとファウスト・デ・エルヤルが、鉄マンガン重石から金属タングステンを単離した。兄弟は単離した元素を「ウォルフラム」と名づけた。スズを精製する際に、鉄マンガン鉱石が混入すると、スズとタングステンの化合物を作ってしまい、スズの精製を阻害することが知られており、「スズを狼のようにむさぼり食う」ところから、別名「狼の鉱石（wolfram）」と呼ばれていたことに由来し、今でもドイツではウォルフラムと呼んでいるという。なお、タングステンの元素記号Wはウォルフラムの頭文字を取ったものだ。

高い融点を利用してフィラメントに

タングステンは硬く重い（比重が大きい）金属で、レアメタルのひとつに数えられる。すべての金属の中でもっとも融点が高く、また金属としては比較的大きな電気抵抗を持っている。つまり、電気を流せば熱くなりやすいが、溶け

分類：遷移元素
原子量：183.84
融点：3407℃
沸点：5555℃
発見年：1781年
発見者：カール・W・シェーレ（スウェーデン）
名称の由来：スウェーデン語の「重い石（tungsten）」

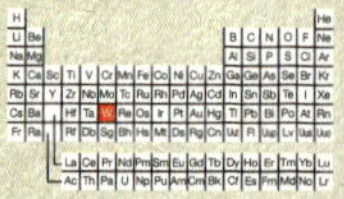

▲融点の高いタングステンは長時間高温になっても耐えられるため、白熱電球のフィラメントに使われている。

▲高密度・高強度を誇るタングステンの合金で作られた切削工具の歯。

▲主要なタングステン鉱石のひとつである灰重石。タングステン埋蔵量の7割は中国で、産出量も中国が世界一だ。

にくい金属なのだ。細い線に加工することも可能なので、白熱電球のフィラメントなどに使われている。

タングステンのフィラメントは、アメリカのゼネラル・エレクトリック（GE）社が1910年に開発した。1921年には日本の東芝がフィラメントを二重コイルにし、熱の損失を抑えて効率を上げたフィラメントを開発したが、近年のLED電球の普及にともなって白熱電球の需要が減ったため、大手電機メーカーは白熱電球の製造中止を決めた。東芝も2010年に白熱電球の製造を中止している。

炭素とタングステンの化合物を含む超硬合金タングステンカーバイトは、切削工具の刃や砲弾（特に徹甲弾）、戦車の装甲、ボールペンのペン先のボール、ハンマー投げの球などに使われている。また、鉄鋼とタングステンの合金は、ドリルなどに用いられる。

75
Re
Rhenium

レニウム

もっとも遅く発見された天然の安定元素

レニウムは1925年、ドイツの化学者ワルター・ノダック、イーダ・タッケ、オットー・ベルクによって発見され、ライン川のラテン名から「レニウム」と名づけられた。メンデレーエフの周期表で存在が予測され、マンガンのふたつ下、「ドビマンガン」と呼ばれていた元素だ。

単体のレニウムは銀白色の金属で、融点はタングステンに次いで高い。また、密度は元素の中で4番目の高さだ。

▲レニウム（右）と化合物のニホウ化レニウム（左）。レニウムは、天然に安定して存在する元素としては一番最後に発見された。

地殻中の存在量が非常に少ないため、その用途は限られている。たとえば、質量分析器のフィラメントや万年筆のペン先、電気接点などが挙げられる。また、ニッケルとレニウムの合金は、耐熱性の高い超合金（スーパーアロイ）のひとつで、高温になっても強度が高いため、ジェットエンジンなどに利用される。

▲アメリカ空軍の戦闘機F-35ライトニングⅡ。エンジンのP&WF135のタービンブレードにはレニウムの合金が使われている。

▲作動テスト中のエンジンP&WF135。

分類：遷移元素
原子量：186.207
融点：3180℃
沸点：5596℃
発見年：1925年
発見者：W・ノダック＆I・タッケ＆O・ベルク（独）
名称の由来：ラテン語の「ライン川（Rhenus）」

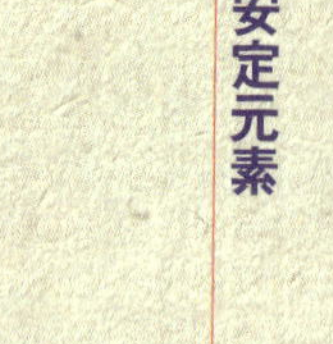

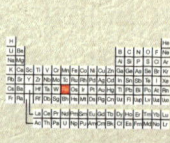

76
Os
Osmium

オスミウム

合金と特殊な酸化剤として利用される

1803年、イギリスの化学者スミソン・テナントが、白金鉱を王水（濃塩酸と濃硝酸の溶液）で溶かした後の残留物からイリジウムとともに発見した。加熱すると四酸化オスミウムに変化し、独特の臭いを放つことから、ギリシア語の「臭い（osme）」という言葉から名づけられた。

　単体のオスミウムは青白色で、硬くてもろい金属であり、無臭で無害だ。しかし、四酸化オスミウムは毒性が極めて高く、重度の結膜炎や頭痛、気管支炎、肺炎などを引き起こす。

　オスミウムの合金は、万年筆のペン先や電気スイッチの接点に利用される。また、酸化オスミウムの有機物と還元反応する性質を利用して、指紋検出に用いられることもある。

▲オスミウムは青白い金属で、1立方センチメートルあたり22.6グラムという重さだ。合金は耐食・耐久性に優れ、万年筆のペン先やレコード針などに使われる。

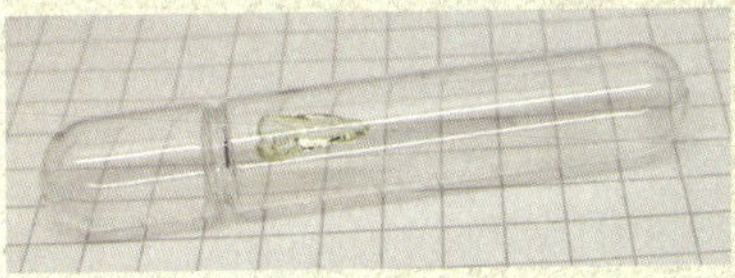

▲四酸化オスミウム。揮発性の酸化剤で汗に含まれる成分と反応するため、指紋検出に利用される。ただし、毒性が高いので扱いには注意が必要だ。

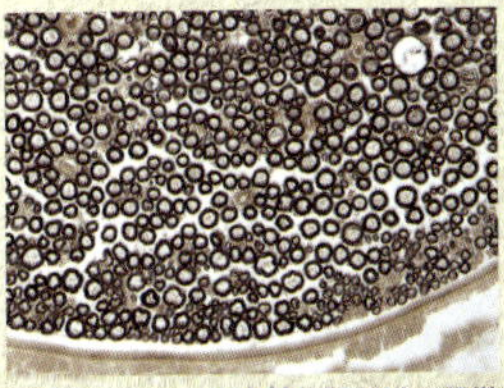

▲四酸化オスミウムは生物組織の顕微鏡観察の際に、染色剤としても用いられる。写真はオスミウムで染色された有髄神経の断面。

分類：遷移元素
原子量：190.23
融点：3045℃
沸点：5012℃
発見年：1803年
発見者：スミソン・テナント（英）
名称の由来：ギリシア語の「臭い（osme）」

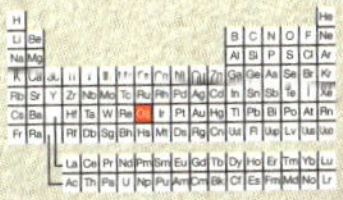

77
Ir
Iridium

イリジウム

恐竜絶滅の原因を解明するカギとなる

地球上にはほとんど存在しない元素

1803年、イギリスの化学者スミソン・テナントが、白金を含む鉱物を王水（濃塩酸と濃硝酸の溶液）で処理した後に生じた黒色残存物から、オスミウムとともに発見した。元素名は、イリジウムの塩類が虹のように多彩で美しい色を示すことから、ギリシア神話の虹の女神「イリス（Iris）」にちなんで命名された。

イリジウムは地球上にはほとんど存在しない、非常に貴重な元素だ。比重はすべての元素中、オスミウムに次いで2番目に大きい。単体のイリジウムは腐食しにくい特性を持つが、展性と延性に乏しく、圧力を加えると潰れる前に破断してしまう。また、薬品にも強く、王水でも溶かすことができない。このように、イリジウムは「金属らしくない」金属であるため加工が難しく、イリジウム単独での用途はほとんどない。

恐竜の絶滅を解き明かす証拠？

単独での用途はないイリジウムだが、他の元素と組み合わせて合金にすることで、耐久性の高い物質となる。たとえば、イリジウムと白金の合金は非常に硬く、耐久性に優れており、高級万年筆のペン先やフルートなどに使われている。また、1889年から重さ1キログラムの基準となる「国際キログラム原器※」に使われており、1960年までは1メートルの基準とな

分類：遷移元素
原子量：192.217
融点：2443℃
沸点：4437℃
発見年：1803年
発見者：スミソン・テナント（英）
名称の由来：ギリシア神話の女神「イリス（Iris）」

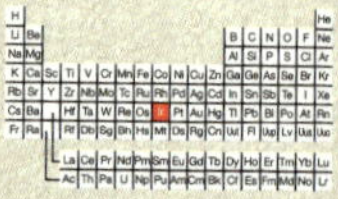

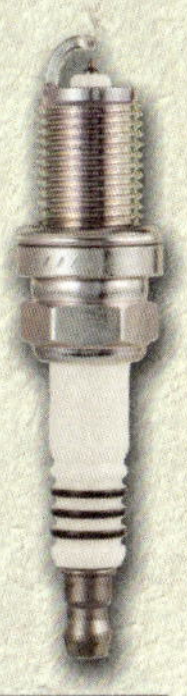

▶イリジウムとロジウムの合金で作られた「イリジウムプラグ」。加速性と燃費の向上につながるとして人気が高い。

▼約6550万年前、大量のイリジウムを含んだ巨大隕石が地球に衝突し、恐竜の絶滅をもたらしたと考えられている。

▲イリジウムと白金の合金は、耐久性・耐食性に優れていることから、高級万年筆のペン先としてよく利用される。

る「メートル原器」としても使われていた。

ほかにも、イリジウムとロジウムの合金は耐熱性に優れており、自動車エンジンの点火プラグ（イリジウムプラグ）として使われている。イリジウムプラグは着火性がよく、放電電圧を低減させる。そのため、エンジンの始動がスムーズになり、アイドリングのばらつきが減って、燃費が向上するなどの効果がある。

ところで、イリジウムは恐竜絶滅の原因が巨大隕石の落下によるものとする説を裏づける重要な存在でもある。

恐竜が絶滅した時期とされる約６５５０万年前、中生代白亜紀と新生代第三紀の間にあたる「Ｋ／ＰＧ境界」の地層から、大量のイリジウムが発見されている。そのことから、隕石の衝突によってイリジウムがもたらされたのと同時に、地球環境に大変動が起こり、恐竜の大量絶滅につながったと推測されているのである。

※原器：計測や計量の基準となる人工基準器。

78
Pt
Platinum

白金

装飾品から触媒まで幅広く活躍する

貴重なものの代名詞ともなった元素

白金は古くから使われている金属で、古代エジプトの遺跡からも見つかっている。初めて元素だと認識したのは、スペイン軍人で探検家のアントニオ・デ・ウロアだといわれている。彼が１７４８年に出した著作の中に、白金鉱石の記述があるからだ。

英語名の「プラチナム（platinum）」は、銀に似た見た目であることから、スペイン語で「小さな銀」を意味する言葉に由来している。日本では別名「プラチナ」とも呼ばれる。

日本語名の「白金」は、プラチナがヨーロッパで「ホワイト・ゴールド」と呼ばれていたことに由来する。ちなみに、現在アクセサリーなどに使われている「ホワイト・ゴールド」と呼ばれる物質は、白金ではなく金の合金である。

天然の鉱石に含まれており、パラジウムやロジウムとともに産出される。非常に貴重な元素であり、入手しにくいチケットを「プラチナチケット」と呼ぶように、貴重なもののたとえとして使われるほどだ。

装飾品や触媒として活用される

白金は美しい銀白色の光沢を放つ金属で、化学的に安定し、加工も容易であるため、装飾品として広く利用されている。実は、古代から高価な装飾品として用いられてきた金や銀と比べ

分類：遷移元素
原子量：195.084
融点：1769℃
沸点：3827℃
発見年：—
発見者：—
名称の由来：スペイン語の「小さな銀（platima）」

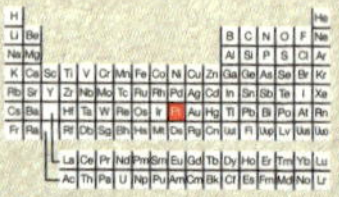

て、白金は銀に似ているものとしてあまり利用されていなかった。その価値が認められたのは18世紀半ば以降のことだ。

一方、装飾品以外の用途としては、耐熱性や耐久性に優れていることから、実験用の器具に用いられている。白金は触媒としても優れた特性を持っており、石油精製や硝酸の製造などに使われる。また、自動車用の「三元触媒」として、パラジウムやロジウムとともに、排気ガスに含まれる有毒な窒素酸化物や炭化水素を、無害な水や窒素、二酸化炭素へと変化させる。

次世代の自動車といわれる燃料電池車にも、白金は不可欠な素材だ。燃料電池中、水素と酸素を水とエネルギーに変換する触媒として使われているのだ。ただし、現在の技術では大量の白金が必要となるため、使用量を減らす新技術、あるいは白金の代わりとなる物質の発見が求められている。

▲白金は変色や変質の心配がなく、「永遠の愛」を象徴する存在として結婚指輪の定番となっている。

▲白金は金と同様に「実物資産」として、投資や資産運用の対象にもなっている。金よりも高値で取引されることが多い。

▲白金はやや黄色みがかった銀白色で、化学的に安定した金属だ。写真は自然白金で、イリジウムやパラジウム、ロジウム、鉄などをわずかに含んでいる。

79
Au
Gold

金

古代から愛されてきた権力と富の象徴

分類：遷移元素
原子量：196.966569
融点：1064.18℃
沸点：2857℃
発見年：－
発見者：－
名称の由来：インド＝ヨーロッパ語の「輝く（ghel）」

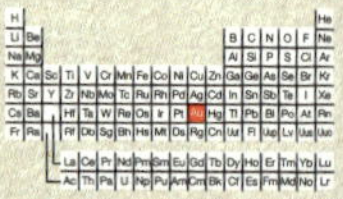

古代から人々を魅了した金色の元素

金は、『旧約聖書』にも記述があるほど古くから知られ、高価な金属として扱われてきた貴金属元素だ。古代エジプトや中国など、世界中で権力や富の象徴とされてきた。現在でも、金は装飾品や貨幣（硬貨）として使われる。

元素記号のAuは、ラテン語の「光輝くもの（aurum）」に由来する。また、英語名の「gold」はインド＝ヨーロッパ語の「輝く（ghel）」が語源となっている。

金は腐食しにくく、金色や黄金色と呼ばれる独特の美しい光沢を持っている。反応性が低く、通常の酸やアルカリの溶液とは反応しない。金を溶かすためには、濃塩酸と濃硝酸の混合液である王水が必要だ。化学的に不活性であるため、自然界でも単体の鉱物として存在する。

また、軟らかくて、延性や展性に優れており、延ばせば厚さ0・0001ミリメートルまで薄くなる。さらに、1グラムの金は3000メートルの金線に延ばすこともできるのだ。

金の純度を表す数字の意味

ただ、金は軟らかすぎるため、そのままでは工業用の用途には不向きだ。そこで、工業用には別の元素を加えた合金として利用されることが多い。合金における金の配合率（品位・純度）は、カラット（K）で表される。カラットは、合金の重さを24とした場合に、金が占める重量の割合を示している。日本では「14金」（K14）や「18金」（K18）のように表示される。たとえば14金は、全体の重量のうち24分の14が金であることを表している。なお、装飾品では純度を千分率（パーミル）で示す。

▲金は自然金や砂金としてそのまま採掘される。耐食性に優れ、加工もしやすいことから、古代より装飾品や貨幣として用いられてきた。

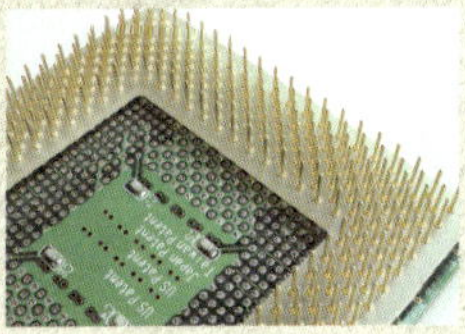

◀金メッキが施されたコンピューターの電子回路の端子。金は工業分野でも多用されている。

金は電気伝導性・熱伝導性に優れており、さらに腐食しにくいという特徴から、コンピューター内の電気回路や電子部品の接合部分に、また強い耐久性があることから、接触端子に金メッキされた部品が用いられる。

今ではあまり見られないが、歯科治療にも金が使われていた（いわゆる金歯）。また、金箔が食用として供されることもある。しかし、金化合物を過剰に摂取、体内に蓄積すると、皮膚炎、腎臓障害、肝臓障害、貧血などを引き起こす。小量の金箔程度であれば、消化されずに体外へ排出されるため問題はない。

▲古代エジプト文明の至宝、ツタンカーメンの黄金のマスク。重さは11キログラムで、23金という高純度の金が使われている。歴史的価値も含め、200兆〜300兆円の価値があるといわれる。

80
Hg
Mercury

水銀

常温で唯一液体になる金属元素

常温・常圧で液体になる金属

水銀は、古代から人々に知られていた金属のひとつだ。元素名は、ローマ神話における商売の神「メルクリウス」(ギリシア神話ではヘルメス)にちなんで名づけられた。元素記号のHgは、「水のような銀(hydrargyrum)」という意味のラテン語に由来する。中国でも古くから「水のような銀」と呼ばれており、それがそのまま日本語名の「水銀」となった。

水銀は、常温・常圧で液体となる唯一の金属元素だ。表面は銀白色の光沢を持ち、表面張力が大きいために、平面の上にこぼしても球のような形になる。膨張係数が大きく、広い温度範囲で膨張率が一定で、かつガラスに付着しないことから、温度計や体温計、血圧計に使われていた。水銀を利用したこうした計測器をまとめて「水銀計」と呼ぶ。

水俣病の原因となった有機水銀

水銀と他の元素を混合すると、軟らかいペースト状の「アマルガム」と呼ばれる合金ができる。アマルガムとはギリシア語で「柔らかい物質」という意味を表す。

たとえば、鉛、スズ、ビスマスと水銀のアマルガムは鏡面に使われる。亜鉛やカドミウムのアマルガムは標準電池に用いられている。また、アマルガムは金属精製にも利用される。752

分類:その他の金属
原子量:200.592
融点:−38.842℃
沸点:356.58℃
発見年:—
発見者:—
名称の由来:ローマ神話の神「メルクリウス(Mercurius)」

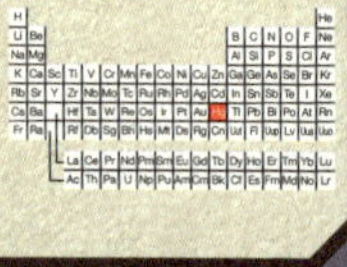

▲水銀の熱伝導と熱膨張を利用した体温計。安全性などの面から、現在では利用されなくなった。

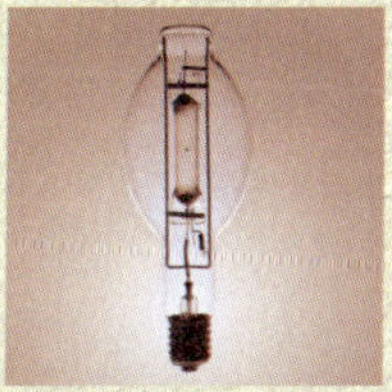

▲水銀蒸気やアルゴンガスが封入された水銀灯。光量が多く、寿命も長いため、工場や体育館などで使われる。

▲水銀は常温・常圧下で液体になる唯一の金属だ。空気中にさらしたままだと少しずつ水銀蒸気が発生するため、取り扱いには慎重さが求められる。

年に建立された奈良・東大寺の大仏にも、金と水銀のアマルガムが使われていた。大仏にアマルガムを塗布し、加熱して水銀を蒸発させることで、表面に金メッキを施すことができたのだ。

医療分野では、水銀イオンの殺菌作用や皮膚の粘膜組織を硬くする作用を利用して、消毒薬として利用された。

古代中国で、水銀は不老不死の妙薬と信じられていたが、その毒性は強い。有機水銀は、単体の水銀よりもさらに毒性が強く、たとえば、水銀の化合物で有機水銀のひとつ、メチル水銀は中枢神経系を侵し、脳障害などを引き起こす。かつて熊本県で発生した水俣病は、海に流れ出したメチル水銀が魚の体内で濃縮され、それを食べた周辺住民に被害をもたらした事件だ。

つい最近でも、マグロなどの魚類に水銀が多く含まれているという報道があり、厚生労働省が妊婦に対して注意喚起を行っている。

81
Tl
Thallium

タリウム

強い毒性で劇物に指定される元素

▲銀白色のタリウムは、ナイフで切れるほど軟らかい金属だ。タリウム化合物は非常に毒性が強く、「毒物及び劇物取締法」で劇物に指定されている。

1861年、イギリスの化学者ウィリアム・クルックスは、硫酸工場の残留物を分光分析し、緑色のスペクトルを発する未知の物質を発見した。彼はこの新元素に、ギリシア語の「新緑の若々しい小枝(thallos)」という言葉にちなんで「タリウム」と名づけた。フランスの化学者クロード・オーギュスト・ラミーも分光分析によってタリウムを確認したが、第一発見者はクルックスとされた。ただし、フランスでは、タリウムの第一発見者はラミーとしている。

タリウムは銀白色の軟らかい金属で、その外観や性質、比重が鉛によく似ている。乾燥した大気中では安定しているが、湿度が高くなると酸化しやすくなる。タリウム化合物は毒性が強く、殺鼠剤や殺虫剤として使われていたが、その危険性の高さから、現在は使用されていない。

▼ニュージーランド・ロトルア郊外のワイオタプ火山地帯の「シャンパン・プール」。水温74℃の泉には、タリウムをはじめ、ヒ素、アンチモン、硫黄、水銀などの成分が溶け込んでいる。

▲タリウムの第一発見者とされるウィリアム・クルックス。

分類:その他の金属
原子量:204.382
融点:303.5℃
沸点:1473℃
発見年:1861年
発見者:ウィリアム・クルックス(英)
名称の由来:ギリシア語の「新緑の若々しい小枝(thallos)」

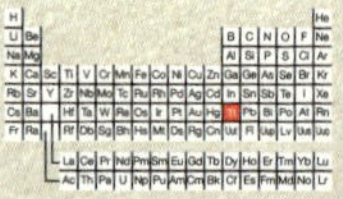

82
Pb
Lead

鉛

加工はしやすいが毒性の問題もある

鉛は古代からよく知られた金属のひとつだ。元素記号のPbは「鉛」を意味するラテン語「plumbum」に由来する。

銀白色の金属だが、空気中ではすぐに酸化して、青みがかった灰色、いわゆる鉛色に変化する。融点が低くて軟らかく、細工がしやすいため、古代ローマでは鉛を水道管や酒類の貯蔵に使用していた。また、顔料や医薬品としても利用され、日本でも炭酸鉛を原料とした「おしろい」が化粧品として使われた。X線やガンマ線を吸収する性質があり、放射線の遮蔽材料として広く使われている。

ただし、鉛には毒性があり、長期間にわたって摂取すると鉛中毒を起こして、神経過敏や情緒不安定などの症状が現れる。

▲鉛は銀白色の金属だが、空気に触れるとすぐ酸化し、いわゆる鉛色になる。製錬しやすく、容易に加工できるため、古くから利用されてきた。写真は鉛の主要な鉱物のひとつである方鉛鉱。

▲鉛の身近な用途としては、自動車のバッテリーなどに使われる鉛蓄電池がある。

▲鉛を使用した散弾銃の散弾。鉛の持つ毒性が問題視され、現在では世界的に鉛の使用禁止・制限が進んでいる。

分類：その他の金属
原子量：207.2
融点：327.5℃
沸点：1750℃
発見年：—
発見者：—
名称の由来：アングロ・サクソン語の「鉛（lead）」

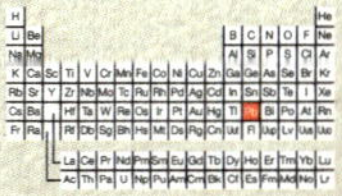

83
Bi
Bismuth

ビスマス

美しい虹色の結晶を作る元素

▲ビスマスの人工結晶。溶解したビスマスを冷却すると、冷却時に酸化して虹色の酸化皮膜に覆われる。ビスマスは性質が鉛に似ているものの無害であるため、最近では鉛の代替金属として使われはじめている。

ビスマスは中世から知られていた元素のひとつで、1753年になって、フランスの化学者クロード・F・ジョフロアがビスマスと鉛の違いを明らかにした。元素名は、アラビア語の「安息香のように容易に溶ける金属（wissmaja）」に由来するという説もあるが、詳細は不明だ。

光沢のある銀白色の半金属で、その結晶は極めてもろい。ただし、合金として添加すると、硬くて摩耗に強い物質になる。用途としては、特殊なハンダやボンベの安全弁、火災報知器などに利用される。また、化合物の次硝酸ビスマスには整腸作用をもたらす効果があることから、整腸剤や下痢止めに用いられる。さらに、ビスマスは高温超伝導体としても注目されており、コンパクトで大容量の送電が可能となる高温超伝導ケーブルの技術にも取り入れられている。

▲ビスマスの特徴的な結晶の形は、結晶の急激な成長により、面の部分の成長が追いつかず、稜の部分だけが成長していくことで生まれる。

分類：非金属（半金属）
原子量：208.98040
融点：271.4℃
沸点：1561℃
発見年：—
発見者：—
名称の由来：アラビア語の「安息香のように容易に溶ける金属（wissmaja）」？

84
Po
Polonium

ポロニウム

キュリー夫妻が初めて発見した放射性元素

１８９８年、ポーランド生まれの物理学者ピエールとマリーのキュリー夫妻によってウラン鉱石から新元素が発見された。メンデレーエフが存在を予測し、「エカテルル」と呼ばれていた84番目の元素である。夫妻は、祖国をロシア帝国の支配から解放する運動に強い関心を持っていたことから、ポーランドのラテン語にちなみ「ポロニウム」と名づけた。純粋なポロニウムが単離されたのは、キュリー夫妻の発見から約半世紀たった１９４６年になってからだ。

ポロニウムは周期表の第16族に属する金属性を示す半金属で、アルファ線を出すため、体内に取り込むと危険だ。体内から排出されるまでの生物学的半減期は15～50日と個人差がある。

▲ウラン鉱石のひとつである燐灰ウラン石。ポロニウムはこうしたウラン鉱石の中に、ごく微量ながら含まれている。ポロニウムの主な用途としては原子力電池が挙げられる。

▲ポロニウムとラジウムを発見し、女性として初めて、しかも2度もノーベル賞を受賞したマリー・キュリー。

分類：非金属（半金属）
原子量：210
融点：254℃
沸点：962℃
発見年：1898年
発見者：ピエール＆マリー・キュリー（ポーランド）
名称の由来：ラテン語の「ポーランド（Poland）」

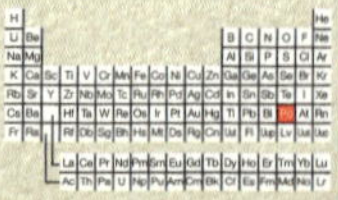

85
At
Astatine

アスタチン

すぐに消えてしまう不安定な元素

▲アスタチンのほか、最初の人工元素としてテクネチウムも作り出したエミリオ・セグレ。1959年にノーベル物理学賞を受賞している。

アスタチンは、メンデレーエフによって「エカヨウ素」として予測されていた元素だ。1940年、アメリカ・カリフォルニア大学バークレー校で、物理学者エミリオ・セグレらによって、ビスマスの同位体であるビスマス209から加速器（サイクロトロン）を使って人工的に作り出された。極めて不安定で半減期も短いことから、ギリシア語の「不安定（astatos）」という言葉にちなんでアスタチンと命名された。

アスタチン同位体の中でももっとも長い半減期を持つアスタチン210でも、半減期は8・1時間しかない。その化学的性質は崩壊するまでの痕跡を調べるしか方法がないため、まだわかっていないことが多いのだ。なお、アスタチン211は細胞殺傷性の高いアルファ線を出すため、がんの治療薬として期待されている。

▲アメリカ・カリフォルニア大学バークレー校のローレンス・バークレー研究所で、1939年に完成された60インチサイクロトロン。

分類：ハロゲン
原子量：210
融点：302℃
沸点：337℃
発見年：1940年
発見者：エミリオ・セグレ他（米）
名称の由来：ギリシア語の「不安定（astatos）」

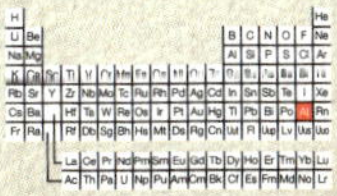

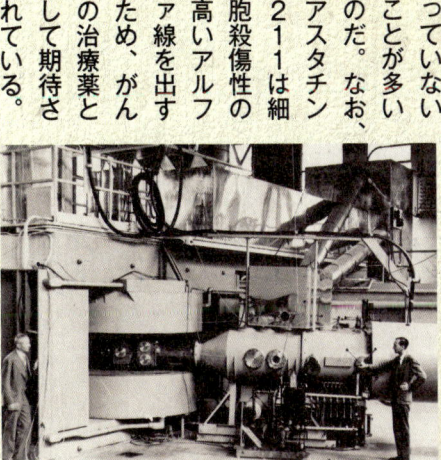

Part 1
Part 2
第1~3周期
第4周期
第5周期
第6周期
第7周期

86
Rn
Radon

ラドン

放射性の温泉成分として知られる希ガス

ピエールとマリーのキュリー夫妻は、ラジウムに接触した大気が放射性を持つことを見つけていたが、その原因はわからなかった。１９００年、ドイツの物理学者フリードリッヒ・エルンスト・ドルンが、ラドンが放射性の気体であることを発見。さらに、ニュージーランドの物理学者アーネスト・ラザフォードとイギリスの化学者フレデリック・ソディが発見した放射性の気体と同一であると明らかにした。そして、１９２３年の国際会議で、「ラジウムから生まれる気体」という意味で「ラドン」と命名された。

ラドンは単原子分子の気体で、閉殻構造を持つため化学的な活性は低いが、二硫化炭素やエタノールなどの有機溶液には溶けやすい。ラドンは放射性鉱物に含まれており、温泉や地下水に溶け出している。このうち、ラドンが一定濃度以上含まれる温泉を「ラドン温泉」と呼ぶ。

▲地中の放射性鉱物に含まれるわずかなウランやトリウムが核崩壊を起こし、その一部がラドンに変化する。それが温泉や地下水に溶け出し、大気中に放出される。

▲ラジウムが崩壊してできた気体がラドンであることを発見したフリードリッヒ・エルンスト・ドルン。

▲海外では、天然に存在する放射性物質の中でもラドンによる被曝を問題視している。写真はラドンガスの検出キット。

分類：希ガス
原子量：222
融点：−71℃
沸点：−61.8℃
発見年：1900年
発見者：F・E・ドルン（独）
名称の由来：「ラジウムから生まれる気体」

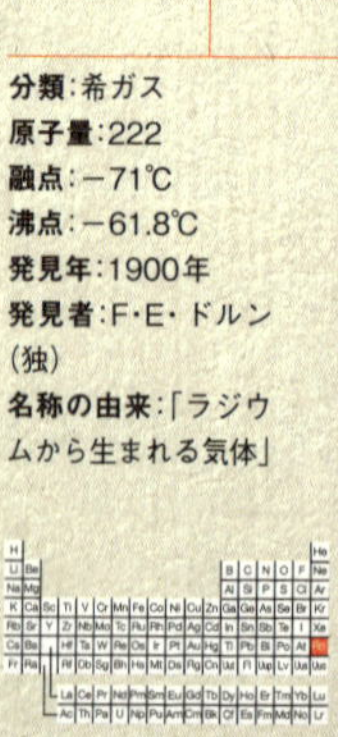

日本は資源大国だった？

日本は国土が狭く、資源の多くを海外からの輸入に頼っている。かつては石炭を輸出していた時期もあったが、今では地表の鉱山はほとんど掘り尽くされてしまった。

だが、「日本は資源大国だ」という人もいる。日本に眠る資源とは、「都市鉱山」と「海底資源」のことだ。

都市鉱山とは、東北大選鉱製錬研究所（現・多元物質科学研究所）の南條道夫教授らが提唱したリサイクルの理念で、保管あるいは廃棄された工業製品を資源とみなす考え方だ。都市鉱山で眠っている資源は、探索する必要がない。また、一般的に高品質で、採掘や製錬もいらず、環境汚染も回避できるという。

たとえば、使わなくなったパソコンの基板などの電子部品には、金や鉄、ニッケル、銅、アルミニウム、亜鉛、ケイ素など、レアメタルやレアアースを含む金属が使われている。これらの金属を回収し、再利用できれば、資源不足の問題は解決する。

一方の海底資源とは、その名の通り「海底に眠っている資源」のことだ。日本の国土（陸地）面積は約37・8平方キロメートルだが、領海と排他的経済水域（EEZ）は約447平方キロメートルにもなる。

沖縄や伊豆・小笠原近海の海底には、銅や亜鉛、鉛、金、銀などの硫化物が体積している大規模な熱水噴出孔が存在する。また、鉄とマンガンの酸化物である鉄マンガンクラストやメタンガスに加えて、最近の研究では海底に大量のレアアースも発見されている。こうした資源の獲得に向けて、さまざまな調査と技術の開発、法整備が今後の課題となる。

◀深海にある熱水噴出孔。新たな鉱床となる可能性がある。

第2部
元素を知り尽くす

第7周期

フランシウム／ラジウム／アクチニウム／トリウム／プロトアクチニウム／ウラン／ネプツニウム／プルトニウム／アメリシウム／キュリウム／バークリウム／カリホルニウム／アインスタイニウム／フェルミウム／メンデレビウム／ノーベリウム／ローレンシウム／ラザホージウム／ドブニウム／シーボーギウム／ボーリウム／ハッシウム／マイトネリウム／ダームスタチウム／レントゲニウム／コペルニシウム／ウンウントリウム／フレロビウム／ウンウンペンチウム／リバモリウム／ウンウンセプチウム／ウンウンオクチウム

87
Fr
Francium

フランシウム

半減期が短く不安定な元素

▲フランシウムの発見者であるマルグリット・ペレー。キュリー研究所で、マリー・キュリーの助手を務めていたこともある。

1939年、フランスのキュリー研究所でアクチニウム試料を観察していた物理学者マルグリット・ペレーにより発見された。彼女が発見したフランシウムは、アクチニウムのアルファ崩壊※によって生じたもので、自然界に存在する元素としては最後に発見された元素である。

もっとも寿命の長い同位体でも、半減期は22分程度と極端に短く、単体金属や化合物として取り出すことは難しい。地殻中には30グラム程度のフランシウムが存在すると推計されているが、これは地殻中に存在する元素の中で2番目に少ない量だ。

元素番号87番は、周期表ではセシウムの下にあたり、以前からアルカリ金属が存在することが予測されていた。ペレーによる発見の前には4回、誤った発見が報告されている。

分類：アルカリ金属
原子量：223
融点：27℃
沸点：657℃
発見年：1939年
発見者：マルグリット・ペレー（仏）
名称の由来：ペレーの祖国「フランス（France）」

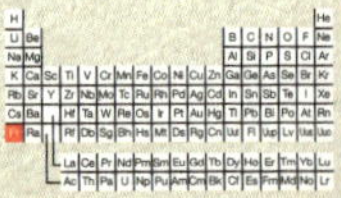

※アルファ崩壊：放射性元素の原子核がアルファ粒子（ヘリウム原子核）を放出する現象。

88
Ra
Radium

ラジウム

キュリー夫人が命と引き換えに発見した

1898年、ウラン残滓の分別結晶化により、フランスのピエールとマリーのキュリー夫妻によって発見された。天然ではウランの崩壊によって生成するため、ウラン鉱石中に存在する。安定同位体は存在せず、崩壊してラドンになる。

ラジウムは医療用の放射線源として使用されていたが、最近はコバルト60が用いられている。

▲塩化ラジウムは暗所で光るため、時計や計器類の夜行塗料の原料として使われた。しかし、工場の従業員に健康被害が続出し、人体に対する影響が明らかになったことで、現在は使用されていない。

また、塩化ラジウムは夜行塗料の原料に利用されたが、人体への影響から使われなくなっている。だが、かつては身近な工業原料だったため、まれに人家近くで見つかることがある。最近では、2011年に東京都世田谷区の民家の床下から強い放射線が観測され、ラジウム226と推定される物質だったという事案がある。

▲実験を行うキュリー夫妻。のちに夫のピエールは事故死し、マリーも長年の放射性物質研究によって体を蝕まれ、白血病で命を落とす。

分類:アルカリ土類金属
原子量:226
融点:700℃
沸点:1140℃
発見年:1898年
発見者:ピエール＆マリー・キュリー（仏）
名称の由来:ラテン語の「放射（radius）」

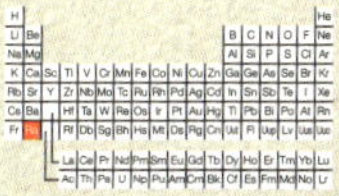

89
Ac
Actinium

アクチニウム

アクチノイドの先頭に位置する元素

▲閃ウラン鉱の一種であるピッチブレンド(瀝青ウラン鉱)。代表的なウラン鉱で、不純物としてラジウムやトリウムなどの放射性元素を含んでいる。

1899年、キュリー夫妻の同僚だった化学者アンドレ=ルイ・ドビエルヌが、ウラン鉱石よりウランを分離した後の残滓から発見。アルファ線を放出する放射性物質で、重さあたりの放射能はウランの150倍と非常に強い。単体では銀白色の金属で、暗所では青白く光る。

ウランやプルトニウムなどを含むアクチノイド15元素のうち最初の元素となる。15元素は最外殻の電子配置が同じであるため、よく似た性質を持ち、すべて放射性元素である。同位体のアクチニウム227はウラン235から始まり、アルファ崩壊とベータ崩壊[※1]を繰り返して鉛207にいたる崩壊系列[※2]の「アクチニウム系列」の中で生まれる。半減期は21・7年で、その後フランシウム223とトリウム227に崩壊する。

分類:アクチノイド
原子量:227
融点:1051℃
沸点:3200℃
発見年:1899年
発見者:アンドレ=ルイ・ドビエルヌ(仏)
名称の由来:ギリシア語の「光線(akutis)」

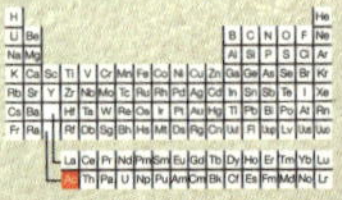

※1 ベータ崩壊:放射性元素の原子核がベータ粒子(電子または陽電子)を放出する現象。
※2 崩壊系列:放射性元素は安定同位体が存在せず、崩壊しながらほかの原子核になる性質を持つ。元素が崩壊を繰り返し、安定した原子核にいたるまでの崩壊の順序を指す。

90
Th
Thorium

トリウム

地殻中に豊富に存在する放射性元素

▲酸化トリウムは融点が3300℃と非常に高いため、耐熱セラミックやガス灯のマントル、アーク溶接電極用のマグネシウム合金などに使用される。

1829年、スウェーデンの化学者イェンス・ベルセリウスがノルウェーで発見されたトール石から取り出した。トリウムはトール石のほかに、モナザイト、トリアン石などに含まれる。

自然中に存在するトリウムは、その100パーセントが半減期140・5億年のトリウム232である。

地殻中にあるアクチノイドの中でもっとも存在量が多く、ウランの約4倍といわれる。トリウムの崩壊熱は地熱の主な発生源となっている。単体では銀白色の軟らかい金属で、粉末状態では自然発火するので、扱いには注意が必要だ。

トリウム232はアルファ崩壊とベータ崩壊を繰り返し、最終的に鉛209にいたる。日本の原子力基本法ではウラン、プルトニウムと並んで核燃料物質のひとつとされる。

▲イェンス・ベルセリウス。トリウムのほかに、ケイ素、セレン、セリウムを発見している。

分類：アクチノイド
原子量：232.0377
融点：1750℃
沸点：4789℃
発見年：1829年
発見者：J・ベルセリウス（スウェーデン）
名称の由来：北欧神話の「トール神（Thor）」

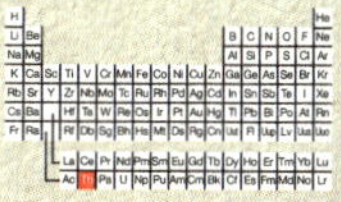

91
Pa
Protactinium

プロトアクチニウム

アクチニウムの「前」に存在する元素

分類:アクチノイド
原子量:231.03588
融点:1567℃
沸点:4227℃
発見年:1918年
発見者:O・ハーン＆L・マイトナー(独)他
名称の由来:ギリシア語の「第一の(protos)」

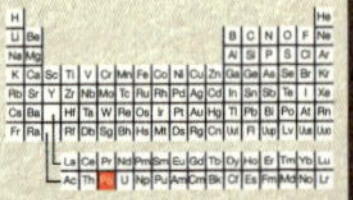

1871年、メンデレーエフによって周期表上のトリウムとウランの間に未知の91番元素が存在することが予測された。この予測に基づき、ドイツの化学者オットー・ハーンとリーゼ・マイトナーは、短寿命のアクチニウムが天然に見つかることから、アクチニウムを生成する先行元素があるはずだと考え、1918年に長寿命の放射性元素を発見した。

▲写真は燐銅ウラン鉱で、プロトアクチニウムはこうしたウラン鉱石に微量に含まれることがある。単体のプロトアクチニウムは銀白色の金属だ。

これと同時期に、ポーランドのファヤンスら、イギリスのソディらも独立して91番元素の同位体を発見しており、この3グループが発見者とされている。名称は「アクチニウムに先行するもの」という意味で、ギリシア語の「第一の(protos)」に由来する。用途としては、半減期の長さを利用して海底沈殿層の年代測定に用いられる。

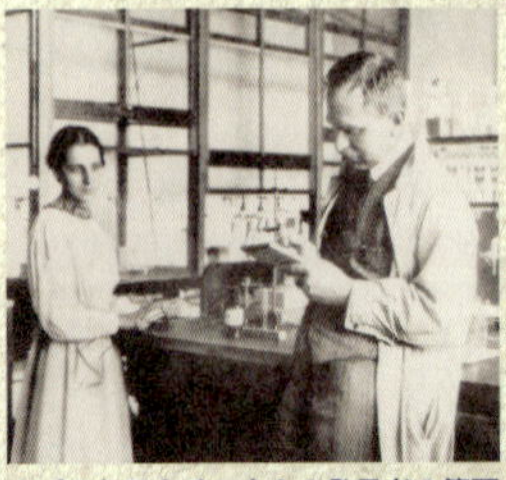

▲プロトアクチニウムの発見者の筆頭であるオットー・ハーン(右)とリーゼ・マイトナー(左)。ハーンは1944年にノーベル化学賞を受賞している。

92
U
Uranium

ウラン

元素発見史上初めて見つかった放射性元素

１７８９年、ドイツの化学者マルティン・ハインリヒ・クラプロートが、当時は鉄や亜鉛などが主成分と考えられていたピッチブレンド（瀝青ウラン鉱）から発見した。名称は１７８１年に発見された「天王星（Uranus）」に由来する。

▲代表的なウラン鉱のひとつ、燐灰ウラン石。閃ウラン鉱などのウランを主成分とする鉱物が風化・変質してできる。紫外線を当てると、写真下のように黄緑色の蛍光を放つ。

ウランの同位体はすべて放射性核種※だが、ウラン２３８は半減期約44億６８００万年、ウラン２３５は半減期約７億３８０万年と長寿命で、地殻中や海水中などに広く分布している。

ウラン２３５は天然に算出する唯一の核分裂核種だ。現在生産されているウランは、ほぼ全量が原子力発電の核燃料となる。燃料になるのはウラン２３５だが、存在比率は圧倒的にウラン２３８のほうが高いため、燃料にするためにウラン２３５の比率を高める「ウラン濃縮」が行われている。

▲広島に投下された原子爆弾には、ウラン235が使用された。

分類：アクチノイド
原子量：238.02891
融点：1132.3℃
沸点：4172℃
発見年：1789年
発見者：マルティン・クラプロート（独）
名称の由来：惑星の「天王星（Uranus）」

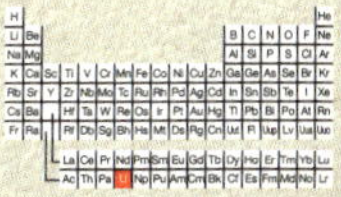

※放射性核種：原子核の中で、放射線を放出して崩壊し、他の原子核に変わる原子核のこと。

93
Np
Neptunium

ネプツニウム

最初に発見された超ウラン元素

▲太陽系のもっとも外側に位置する海王星。ネプツニウムはこの惑星にちなんで名づけられた。ウランより原子番号の大きい「超ウラン元素」の最初の発見だった。

　ウランは天然に存在する元素のうち、もっとも原子番号が大きいと考えられていたが、メンデレーエフはアクチノイド系列の元素の数を15種と予測していた。そこで、残りのアクチノイドを合成するための研究が進められた。

　ネプツニウムは1940年、アメリカのエドウィン・マクミランとフィリップ・アベルソンが行った、ウランに中性子線を照射する実験で発見された。天王星に由来する名称を持つウランの隣の元素なので、天王星の次に発見された「海王星（Neptune）」にちなんで命名された。

　工業的には、ウランからプルトニウムを製造するための中間生成物として利用される。

▲結晶が美しい燐灰ウラン石。ネプツニウムは当初、自然界には存在しないと考えられていたが、こうしたウラン鉱中で、ウラン238の自発核分裂によってネプツニウム239に変化するため、ごく微量に存在している。

分類：アクチノイド
原子量：237
融点：640℃
沸点：3902℃
発見年：1940年
発見者：E・マクミラン＆P・アベルソン（米）
名称の由来：惑星の「海王星（Neptune）」

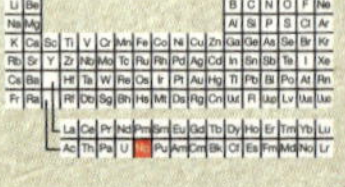

94
Pu
Plutonium

プルトニウム

原子力発電にも兵器にも使われる

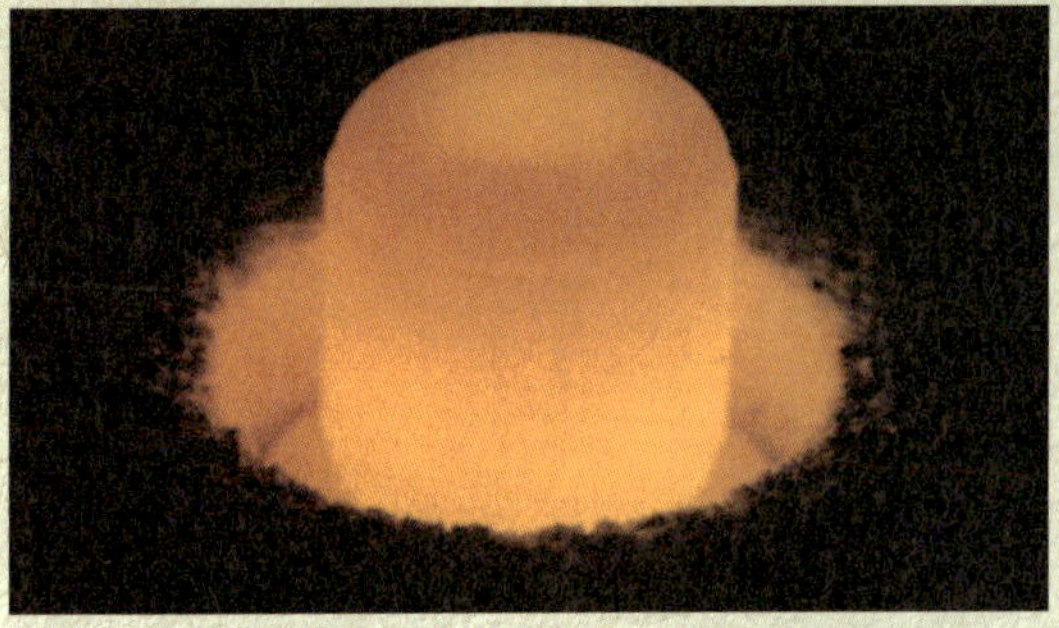

▲崩壊熱によって輝くプルトニウム238のかたまり。プルトニウムを処理するためには、使用済み核燃料などと混合して高レベル放射性廃棄物として処理するか、プルトニウムとウランを混合した核燃料(MOX燃料)として利用する。

▶冥王星探査のために打ち上げられた惑星探査機ニュー・ホライズンズ。プルトニウム238を放射線源とする原子力電池を搭載している。

1940年、アメリカの化学者グレン・シーボーグらにより行われた、ウランに重水素を照射する実験で発見された。名称は海王星の次に発見された「冥王星（Pluto）」に由来する。

核兵器の材料となるプルトニウム239は、原子炉（高速増速炉）を使用して取り出せる。ウラン235よりも核分裂しやすく、少量で臨界に達する。化学的な毒性が強いため、取り扱いには注意を要する。長崎に投下された原子爆弾は、プルトニウム239の周囲に起爆剤を配置した爆縮型原爆だ。プルトニウムはネプツニウムと同様、自然界にはウラン鉱石中にごく微量存在している。また、核兵器由来のプルトニウムが土壌や生体内にも存在する。

分類：アクチノイド
原子量：239
融点：639.5℃
沸点：3231℃
発見年：1940年
発見者：グレン・シーボーグ（米）他
名称の由来：惑星の「冥王星（Pluto）」

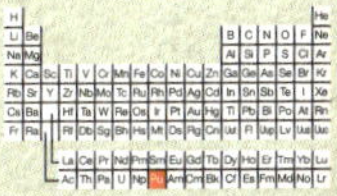

95
Am
Americium

アメリシウム

1944年、グレン・シーボーグらにより、アメリカのマンハッタン計画の中で合成されたが、存在は軍事機密とされていた。名称は、発見国の「アメリカ大陸」に由来する。

原子力発電所の使用済核燃料の中に、核分裂生成物として存在する。「イオン化スポット型」と呼ばれる煙感知器のアルファ線源として使用されていたが、日本では2004年の法改正により「放射性同位元素装備機器」として扱われることになったため、回収が進められている。

分類:アクチノイド
原子量:243
融点:994℃
沸点:2607℃
発見年:1945年

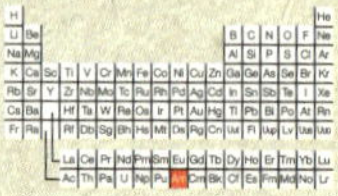

▲アメリシウムの放出するアルファ線がイオン化式の煙感知器に使われる。

96
Cm
Curium

キュリウム

アメリシウムと同様、マンハッタン計画で合成された。プルトニウムにヘリウムイオンをぶつけた後、中性子を放出して生じる。名称は放射能の発見者であるキュリー夫妻に由来。

1945年、アメリシウムと同時に存在を公表する予定日の2日前に、アメリカの「子供電話相談室」のようなラジオ番組中で、視聴者からの質問に対し、シーボーグが回答する形で発見を公表してしまったというエピソードがある。人工衛星用の熱電発電装置として使用される。

分類:アクチノイド
原子量:247
融点:1340℃
沸点:3110℃
発見年:1944年

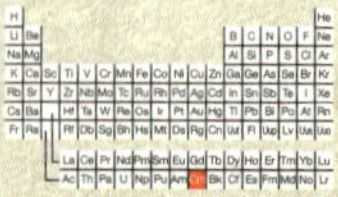

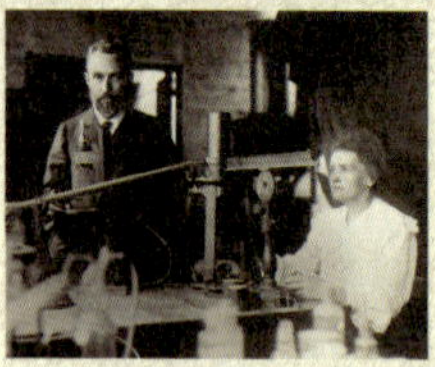

▲放射能研究の功労者であるピエールとマリーのキュリー夫妻。

97
Bk
Berkelium

バークリウム

アメリシウムとキュリウムを発見したシーボーグは、第2次世界大戦終結後にローレンス・バークレー国立研究所へ戻り、「すでに発見された原子核にアルファ線や中性子線をぶつける」という手法で新元素の合成を続けた。1949年、アメリシウムにアルファ線粒子をぶつけて生成したのがバークリウムで、誕生の地バークレー市にちなんで名づけられた。なお、バークレーでは、バークリウム以外にも多くのアクチノイド元素が合成されている。

分類：アクチノイド
原子量：247
融点：986℃
沸点：－
発見年：1949年

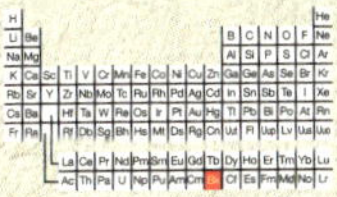

▲ローレンス・バークレー国立研究所があるカリフォルニア大学バークレー校。

98
Cf
Californium

カリホルニウム

1950年、シーボーグらによって、キュリウムにヘリウム原子核をぶつけることで合成された。バークレー市が位置するカリフォルニア州にちなんで命名。18億年前に、ガボン共和国オクロに存在していた天然の原子炉（自然条件によってウラン鉱石中のウラン235が濃縮され、核分裂が発生したとされる）で産出された、もっとも原子番号が大きな元素ともいわれている。

分類：アクチノイド
原子量：252
融点：900℃
沸点：－
発見年：1950年

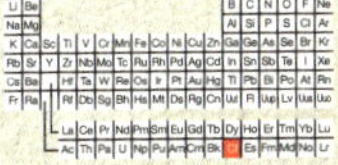

▲バークレー市があるカリフォルニア州の州章。

99
Es
Einsteinium

アインスタイニウム

1952年に太平洋マーシャル諸島のエニウェトク環礁で行われた世界初の水爆実験「マイク」で、爆発後に残された残滓の中から発見された。ウラン238が中性子を連続捕獲し、ベータ線を放出して生成する。名称の由来は物理学者のアルベルト・アインシュタイン。この実験で発見されたフェルミウムとともに軍事機密として扱われ、その存在は1955年まで伏せられていた。

分類:アクチノイド
原子量:252
融点:860℃
沸点:—
発見年:1952年

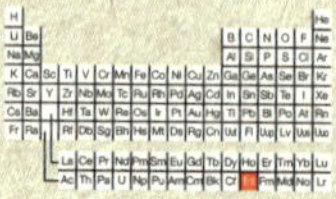

▲相対性理論など数々の業績を残したアルベルト・アインシュタイン。

100
Fm
Fermium

フェルミウム

アインスタイニウムと同様に、水爆実験の残滓中から発見され、イタリアの物理学者エンリコ・フェルミにちなんで命名された。また、1953年から1954年にかけて、スウェーデンのノーベル研究所のグループも別の同位体の合成に成功していた。原子炉や核爆発よる中性子連続捕獲とベータ崩壊で生成する元素のうち、もっとも重い元素。これよりも重い元素は加速器によって生成される。

分類:アクチノイド
原子量:257
融点:1527℃
沸点:—
発見年:1952年

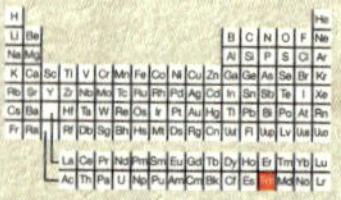

▲核分裂反応を研究し、「原子力の父」とも呼ばれるエンリコ・フェルミ。

101
Md
Mendelevium

メンデレビウム

1955年、米国の科学者アルバート・ギオルソら、現在のローレンス・バークレー国立研究所のチームにより、アインスタイニウムにアルファ線粒子をぶつけることで生成された。名称の由来は、周期表の考案者であるドミトリ・メンデレーエフ。発見時の実験では、1ピコグラムのアインスタイニウムに一晩中アルファ線を照射しつづけて、生成された原子の数はわずか17個だったという。

分類：アクチノイド
原子量：258
融点：827℃
沸点：－
発見年：1955年

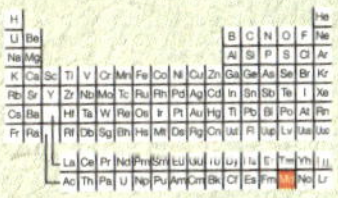

▲周期表の考案者であるドミトリ・メンデレーエフ。

102
No
Nobelium

ノーベリウム

1957年、スウェーデンのノーベル研究所が102番元素を発見したと発表し、ノーベリウムと命名したが、アメリカとロシア（当時はソ連）の研究者からは追試で確認できないことから「発見は誤りである」と指摘された。両グループはあらためて102番元素の探索を行い、翌年にアメリカのグループがキュリウムに加速した炭素原子核を衝突させる方法で新元素を生成することに成功。ロシアのグループも独立して成功した。最初の発見は誤りであったが、名称だけはそのまま残った。

分類：アクチノイド
原子量：259
融点：－
沸点：－
発見年：1957年

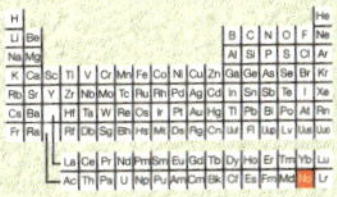

▲名称は化学者アルフレッド・ノーベルに由来。

103
Lr
Lawrencium

ローレンシウム

アクチノイドは15元素と予想されていたので、ノーベリウムの発見以後、アメリカのローレンス・バークレー国立研究所とロシアのドブナ合同原子核研究所による最後のアクチノイド探索が続いていた。1961年にアメリカのグループが、1965年にはロシアのグループがカリホルニウムの3種の同位体にホウ素の同位体の混合物を加速して衝突させ、新元素の生成に成功。加速器（サイクロトロン）の発明者であるアーネスト・ローレンスの名前から命名。

分類：アクチノイド
原子量：262
融点：1627℃
沸点：－
発見年：1961年

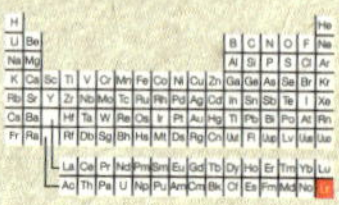

▲アメリカの物理学者アーネスト・ローレンス。

104
Rf
Rutherfordium

ラザホージウム

アメリカのアルバート・ギオルソらとロシアのゲオルギー・フリョロフらの競争は続いており、104番元素は1964年にロシアグループが、1969年にアメリカグループがそれぞれ合成を報告した。名称については、ロシアがクルチャトビウム、アメリカがラザホージウムを主張し長年決定しなかった。1997年にアメリカの主張するラザホージウムに決定したのは、ロシアの報告は追認が不十分だったのに対し、アメリカの報告は追試可能で、崩壊過程まではっきり示されていたことが理由だ。

分類：遷移元素
原子量：267
融点：－
沸点：－
発見年：1964年

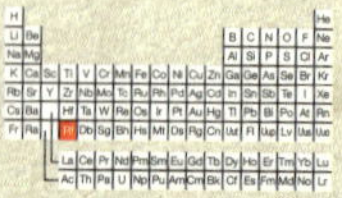

▲名称はイギリスの物理学者アーネスト・ラザフォードに由来。

105
Db
Dubnium

ドブニウム

1970年にアメリカのアルバート・ギオルソらが合成を報告。同時期にロシアからも報告があった。1970~1980年ごろまで両グループが独立して新元素を合成し、それぞれが独自の命名を行うため、名称が長らく決まらないという事態が続いた。国際純正・応用化学連合（IUPAC）が1978年に正式決定までの仮の名称として系統名を定めるとともに、正式名称の調整に取り組み、1997年にようやく正式名称が決定した。名称はドブナ原子核共同研究所（JINR）の所在地に由来する。

分類：遷移元素
原子量：268
融点：－
沸点：－
発見年：1970年

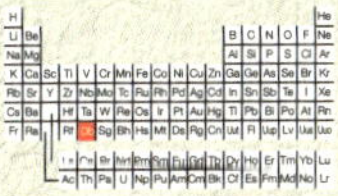

▲ドブナ原子核共同研究所があるロシアの都市ドブナ。

106
Sg
Seaborgium

シーボーギウム

1974年、ロシアとアメリカのグループがほぼ同時に合成を報告した。アメリカグループはカリホルニウムに酸素を衝突させて生成したのに対し、ロシアグループは鉛をターゲットにクロム原子核を衝突させた。ロシアの方法は大きなふたつの原子核を衝突させる「コールドフュージョン法」での合成初成功だったが、再現性が確認できず、発見者はアメリカグループとされた。名称の由来は94番プルトニウムから102番ノーベリウムまでの合成に成功した物理学者グレン・シーボーグにちなむ。

分類：遷移元素
原子量：271
融点：－
沸点：－
発見年：1974年

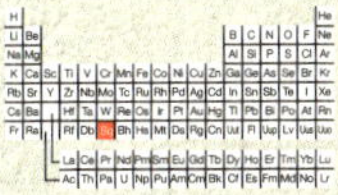

▲多数のアクチノイド元素を合成したグレン・シーボーグ。

107
Bh
Bohrium

ボーリウム

１９７６年、ロシアのユーリ・オガネシアンらを中心とするドブナ合同原子核研究所（ＪＩＮＲ）のチームと、１９８１年、ドイツのペーター・アルムブルスターを中心とする重イオン科学研究所（ＧＳＩ）のチームにより、それぞれ合成成功が報告された。時期はＪＩＮＲのほうが早かったが、信頼度が高かったＧＳＩが発見者とされている。名称は量子力学に基づく原子モデルを提唱したニールス・ボーアにちなんでニールスボーリウムと名づけられたが、のちにボーリウムと改名された。

分類：遷移元素
原子量：272
融点：－
沸点：－
発見年：1981年

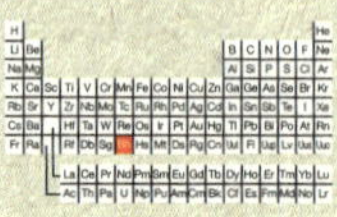

▲デンマークの物理学者ニールス・ボーア。

108
Hs
Hassium

ハッシウム

１９８４年、ドイツの重イオン科学研究所（ＧＳＩ）のチームによる、鉛に高エネルギーの鉄原子核をぶつける実験で合成成功が報告された。同年、アメリカとロシアのチームもドブナ合同原子核研究所（ＪＩＮＲ）で合成に成功している。名称はＧＳＩの所在地であるヘッセン州のラテン語名「ハッシア」に由来する。なお、２００２年にスイスのベルン大学で７つの原子から化合物を合成することに成功し、化学的性質がオスミウムに類似していることが確認された。

分類：遷移元素
原子量：277
融点：－
沸点：－
発見年：1984年

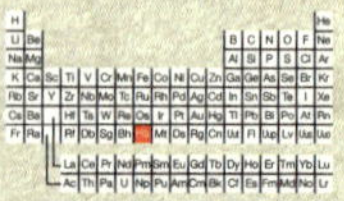

▲重イオン科学研究所があるドイツ・ヘッセン州の紋章。

109
Mt
Meitnerium

マイトネリウム

1982年、ドイツの重イオン科学研究所（GSI）で、ビスマスに高エネルギーの鉄原子核をぶつける実験で合成に成功した。1週間の照射実験で生成した原子の数はわずか1個だったという。正式名称が決まるまでは、国際純正・応用科学連合（IUPAC）の系統名で「ウンニルエンニウム」と呼ばれていたが、1997年、オーストリアの物理学者で核分裂の理論を確立したリーゼ・マイトナーにちなんで命名。

分類：遷移元素
原子量：276
融点：―
沸点：―
発見年：1982年

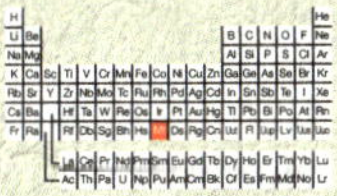

▲核分裂の研究に従事し、「ドイツのキュリー夫人」とも呼ばれるリーゼ・マイトナー。

110
Ds
Darmstadtium

ダームスタチウム

1994年にドイツの重イオン科学研究所（GSI）で、鉛に高エネルギーのニッケル原子核をぶつける実験で合成に成功した。名称はGSIの所在地であるダルムシュタット市に由来する。発見された同位体の半減期が短いため化学的性質は不明だが、銀色もしくは灰色の金属と推定されている。なお、1995年にロシアのY・A・ラザレフらとアメリカのアルバート・ギオルソらにより、異なる方法での110番元素合成成功の報告もある。

分類：遷移元素
原子量：281
融点：―
沸点：―
発見年：1994年

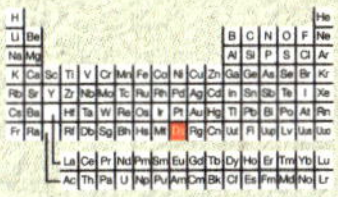

▲重イオン科学研究所の所在地ダルムシュタット市の紋章。

111
Rg
Roentgenium

レントゲニウム

１９９４年、ドイツの重イオン科学研究所（ＧＳＩ）において、ドイツ、ロシア、フィンランド、スロバキアの国際研究チームが合成に成功。高エネルギーのニッケル原子核をビスマスにぶつける実験で、３個の原子が生成された。２００２年に追試が行われ、２００３年に国際純正・応用化学連合（ＩＵＰＡＣ）が新元素として認定。名称はウィルヘルム・レントゲンに由来。１８９５年のＸ線発見から約１００年後に発見されたとして、２００４年に命名された。

分類:遷移元素
原子量:280
融点:—
沸点:—
発見年:1994年

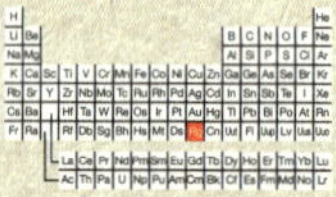

▲X線を発見したドイツの物理学者ウィルヘルム・レントゲン。

112
Cn
Copernicium

コペルニシウム

１９９６年、ドイツの重イオン科学研究所（ＧＳＩ）において、ドイツ、ロシア、フィンランド、スロバキアの国際研究チームが合成に成功。高エネルギーの亜鉛原子核をビスマスにぶつける実験で、２個の原子が生成された。周期表の位置が水銀の下にあたることから、水銀同様に常温で液体の金属で、かつ水銀よりも蒸発しやすいと推測される。２００９年に国際純正・応用化学連合（ＩＵＰＡＣ）が新元素として認定し、コペルニクスの名前にちなんで２０１０年に命名。

分類:その他の金属
原子量:285
融点:—
沸点:—
発見年:1996年

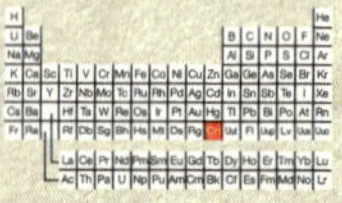

▲地動説を唱えたポーランドの天文学者ニコラウス・コペルニクス。

113
Uut
Ununtrium

ウンウントリウム

分類：不明
原子量：284
融点：－
沸点：－
発見年：2004年

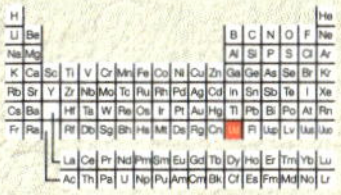

2004年、日本の理化学研究所（理研）の森田浩介博士らのグループが、亜鉛とビスマスからの合成成功を報告した。

新元素合成における日本初の成果である。その後、理研は2005年、2012年にも合成成功を報告し、初めて日本で発見された元素として認定される可能性が高まっている。名称の候補としては「ジャポニウム（Jp）」「リケニウム（Rk）」「ユカワニウム（Yk）」などが挙げられている。周期表ではタリウムの下にあるため、似た性質を持つと推測されている。

114
Fl
Flerovium

フレロビウム

分類：不明
原子量：289
融点：－
沸点：－
発見年：1998年

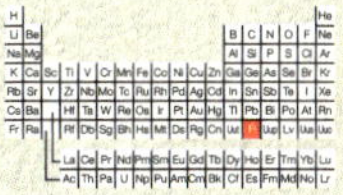

1998年、ロシアのドブナ合同原子核研究所（JINR）がプルトニウムとカルシウムから合成に成功したと報告したが、確認されていなかった。2009年に米国のローレンス・バークレー国立研究所で、2010年にドイツの重イオン科学研究所（GSI）で、それぞれフレロビウム同位体の合成成功を発表した。名称はJINR設立者のゲオルギー・フリョロフにちなみ、2012年に命名された。周期表では鉛の下に位置するため、似た性質を持つと推測されている。

▲ロシアの物理学者ゲオルギー・フリョロフ。

115
Uup
Ununpentium

ウンウンペンチウム

分類：不明
原子量：288
融点：－
沸点：－
発見年：2004年

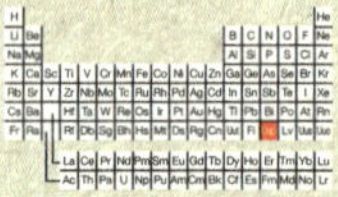

2004年、ロシアのドブナ原子核合同研究所（JNRI）とアメリカのローレンス・リバモア国立研究所の共同研究チームが、カルシウムとアメリシウムから合成に成功したと報告した。2013年、スウェーデンのルンド大学のチームが、ドイツの重イオン研究所（GSI）で2004年の実験を再現、成功したと発表したことで、新元素として認定される見通しとなった。周期表ではビスマスの下にあるため、似た性質を持つと推測されている。

116
Lv
Livermorium

リバモリウム

分類：不明
原子量：293
融点：－
沸点：－
発見年：2000年

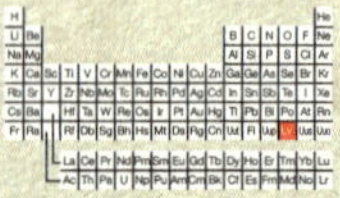

2000年、ドブナ合同原子核研究所（JINR）で、キュリウムとカルシウムから合成されたと報告された。2010年までには、複数の研究チームにより約30原子が観測され、2011年に新元素として認定された。発見者のJINRは当初所在地のモスクワ州にちなんだ「モスコヴィニウム」を提案したが、国際純正・応用化学連合（IUPAC）はアメリカのローレンス・リバモア国立研究所にちなんだ「リバモリウム」を提案、2012年に命名された。2015年8月現在、正式名称が決定している元素の中ではもっとも重い。

▲カリフォルニア州にあるローレンス・リバモア国立研究所。

117
Uus
Ununseptium

ウンウンセプチウム

2009年10月、ロシアのドブナ合同原子核研究所（JINR）で、ロシアとアメリカの共同研究チームによりバークリウムとカルシウムから合成された。7か月間の実験で発見されたのは6原子だった。2014年には、ドイツの重イオン研究所（GSI）が4原子の合成に成功したと報告している。2015年8月現在で発見報告のある元素の中ではもっとも新しい。周期表ではアスタチンの下にあり、ハロゲン族の性質を持つと推測されている。

分類：不明
原子量：294
融点：—
沸点：—
発見年：2009年

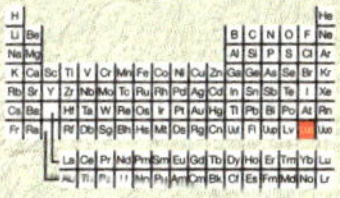

118
Uuo
Ununoctium

ウンウンオクチウム

2002年、ロシアのドブナ合同原子核研究所（JINR）でカリホルニウムとカルシウムから合成された。2006年には、JINRとアメリカのローレンス・リバモア国立研究所の共同研究チームにより3原子が合成されたと発表されている。2015年8月現在で発見報告のある元素の中ではもっとも重い。周期表ではラドンの下にあり、希ガス類とよく似た性質を持つと推測されるが、他の元素よりはやや反応性が高いと考えられている。

分類：不明
原子量：294
融点：—
沸点：—
発見年：2002年

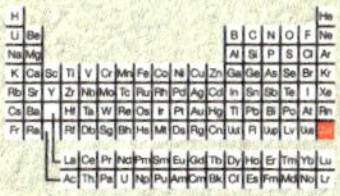

未確定の元素名はどうやってつけられる？

2015年現在、周期表には118種類の元素が記載されているが、原子番号113番、115番、117番、118番はまだ未確定となっている。これらの元素は、国際的な化学者の団体である「国際純正・応用化学連合（IUPAC）」で認められれば正式な名称が与えられる。

基本的に元素の命名権は発見者に与えられるため、もしも113番元素「ウンウントリウム」が確定し、日本の理化学研究所が発見者と認められれば、日本に由来する元素名がつけられる可能性が高い。

ところで、元素が確定するまでは、「元素の系統名」が仮の名称として使用される。系統名とは、IUPACが定めた規則によって決められる名前であり（表を参照）、数字を文字に置き換えるものだ。数字のつづりは、ギリシア語とラテン語から頭文字が重複しないものが選ばれている。

たとえば、118番であれば「ウン（1）＋ウン（1）＋オクチウム（8）」のように組み合わせる。なお、原子記号は頭文字をとって「Uuo」のように表記される。

現在、確認されている元素は118種類だが、宇宙にはまだまだ未知の元素が存在し、今後も新しい元素の発見や合成が行われていくだろう。そして、新しい元素が発見されるたびに、系統名のルールにしたがって仮の名前がつけられることになる。たとえば、120番であれば「ウンビニリウム」、136番なら「ウントリヘキシウム」という具合だ。

●系統名の命名規則

数字	つづり（1の位以外）	日本語の読み（1の位以外）	つづり（1の位）	日本語の読み（1の位）
0	nil	ニル	nilium	ニリウム
1	un	ウン	unium	ウニウム
2	bi	ビ	bium	ビウム
3	tri	トリ	trium	トリウム
4	quad	クアド	qadium	クアジウム
5	pent	ペント	pentium	ペンチウム
6	hex	ヘキス	hexium	ヘキシウム
7	sept	セプト	septium	セプチウム
8	oct	オクト	octium	オクチウム
9	enn(en)	エン	ennium	エンニウム

La ランタン (Lanthanum) 159
Li リチウム (Lithium) 68
Lr ローレンシウム (Lawrencium) 208
Lu ルテチウム (Lutetium) 173
Lv リバモリウム (Livermorium) 214
Md メンデレビウム (Mendelevium) 207
Mg マグネシウム (Magnesium) 86
Mn マンガン (Manganese) 110
Mo モリブデン (Molybdenum) 136
Mt マイトネリウム (Meitnerium) 211
N 窒素 (Nitrogen) 76
Na ナトリウム (Sodium) 84
Nb ニオブ (Niobium) 134
Nd ネオジム (Neodymium) 162
Ne ネオン (Neon) 82
Ni ニッケル (Nickel) 116
No ノーベリウム (Nobelium) 207
Np ネプツニウム (Neptunium) 202
O 酸素 (Oxygen) 78
Os オスミウム (Osmium) 179
P リン (Phosphorus) 92
Pa プロトアクチニウム (Protactinium) 200
Pb 鉛 (Lead) 189
Pd パラジウム (Palladium) 141
Pm プロメチウム (Promethium) 163
Po ポロニウム (Polonium) 191
Pr プラセオジム (Praseodymium) 161
Pt 白金 (Platinum) 182
Pu プルトニウム (Plutonium) 203
Ra ラジウム (Radium) 197
Rb ルビジウム (Rubidium) 130
Re レニウム (Rhenium) 178
Rf ラザホージウム (Rutherfordium) 208
Rg レントゲニウム (Roentgenium) 212
Rh ロジウム (Rhodium) 140
Rn ラドン (Radon) 193
Ru ルテニウム (Ruthenium) 139
S 硫黄 (Sulfur) 94
Sb アンチモン (Antimony) 148
Sc スカンジウム (Scandium) 106
Se セレン (Selenium) 125
Sg シーボーギウム (Seaborgium) 209
Si ケイ素 (Silicon) 90
Sm サマリウム (Samarium) 164
Sn スズ (Tin) 146
Sr ストロンチウム (Strontium) 131
Ta タンタル (Tantalum) 175
Tb テルビウム (Terbium) 167
Tc テクネチウム (Technetium) 138
Te テルル (Tellurium) 149
Th トリウム (Thorium) 199
Ti チタン (Titanium) 107
Tl タリウム (Thallium) 188
Tm ツリウム (Thulium) 171
U ウラン (Uranium) 201
Uuo ウンウンオクチウム (Ununoctium) 215
Uup ウンウンペンチウム (Ununpentium) 214
Uus ウンウンセプチウム (Ununseptium) 215
Uut ウンウントリウム (Ununtrium) 213
V バナジウム (Vanadium) 108
W タングステン (Tungsten) 176
Xe キセノン (Xenon) 152
Y イットリウム (Yttrium) 132
Yb イッテルビウム (Ytterbium) 172
Zn 亜鉛 (Zinc) 120
Zr ジルコニウム (Zirconium) 133

元素記号索引

Ac アクチニウム (Actinium) 198
Ag 銀 (Silver) 142
Al アルミニウム (Aluminium) 88
Am アメリシウム (Americium) 204
Ar アルゴン (Argon) 98
As ヒ素 (Arsenic) 124
At アスタチン (Astatine) 192
Au 金 (Gold) 184
B ホウ素 (Boron) 72
Ba バリウム (Barium) 158
Be ベリリウム (Beryllium) 70
Bh ボーリウム (Bohrium) 210
Bi ビスマス (Bismuth) 190
Bk バークリウム (Berkelium) 205
Br 臭素 (Bromine) 126
C 炭素 (Carbon) 74
Ca カルシウム (Calcium) 104
Cd カドミウム (Cadmium) 144
Ce セリウム (Cerium) 160
Cf カリホルニウム (Californium) 205
Cl 塩素 (Chlorine) 96
Cm キュリウム (Curium) 204
Cn コペルニシウム (Copernicium) 212
Co コバルト (Cobalt) 114
Cr クロム (Chromium) 109
Cs セシウム (Caesium) 156
Cu 銅 (Copper) 118
Db ドブニウム (Dubnium) 209
Ds ダームスタチウム (Darmstadtium) 211
Dy ジスプロシウム (Dysprosium) 168
Er エルビウム (Erbium) 170
Es アインスタイニウム (Einsteinium) 206
Eu ユウロピウム (Europium) 165
F フッ素 (Fluorine) 80
Fe 鉄 (Iron) 112
Fl フレロビウム (Flerovium) 213
Fm フェルミウム (Fermium) 206
Fr フランシウム (Francium) 196
Ga ガリウム (Gallium) 122
Gd ガドリニウム (Gadolinium) 166
Ge ゲルマニウム (Germanium) 123
H 水素 (Hydrogen) 62
He ヘリウム (Helium) 66
Hf ハフニウム (Hafnium) 174
Hg 水銀 (Mercury) 186
Ho ホルミウム (Holmium) 169
Hs ハッシウム (Hassium) 210
I ヨウ素 (Iodine) 150
In インジウム (Indium) 145
Ir イリジウム (Iridium) 180
K カリウム (Potassium) 102
Kr クリプトン (Krypton) 127

●な行

●は行

索引

※用語は基本的にそれについて説明しているページのみ記載／
人名は姓のみ表記

●写真・図版クレジット

※クレジット表記を要さないものは除く

◎アフロ

27: ロイター / アフロ● 138:Phototake/ アフロ● 196: アフロ

◎アマナイメージズ

163:©Theodore Gray,/Visuals Unlimited/Corbis/amanaimages

© Shutterstock.com

4-5:concept w ● 6-7:concept w ● 16:Yagello Oleksandra ● 22-23:Alex Illi ● 32:magnetix ● 42:Maxx-Studio ● 45:Danielz1 ／ Mardeg ● 64-65:Mona Makela ／ Everett Historical ／ snapgalleria ● 67:Robert Kyllo ● 69:Ralf Kleemann ／ KPG_Payless ● 71:Albert Russ ● 73:Venus Angel ／ Susan Santa Maria ● 75:Rtimages ／ sumire8 ／ SeDmi ／ chris kolaczan ● 77:AndraÅ¾ Cerar ／ Singkham ● 79:Monica Johansen ／ Chris Lenfert ／ MarcelClemens ● 81:Albert Russ ／ kungverylucky ／ 83:photocritical ／ fotogenicstudio ● 85:runi ／ rattanapatphoto ／ Geo-grafika ● 87:Olga Danylenko ／ Photographee.eu ● 89:magnetix ／ Sementer ／ J. Palys ● 91:bonchan ／ Albert Russ ／ Coprid ● 93:Joe Belanger ／ Albert Russ ● 95:MarcelClemens ／ Palo_ok ／ Ake13bk ● 97:Stocksnapper ／ Andrey Armyagov ／ Ivonne Wierink ● 99:omepl1 ／ Leonid Andronov ／ chinahbzyg ● 100:Robert Neumann ● 103:J. Palys ／ MSPhotographic ／ paulovilela ● 105:Kaspars Grinvalds ／ Chris Moody ／ S_E ● 106-107:winui ／ nubephoto ／ Mikhail Starodubov ／ MrGarry ● 108-109:krsmanovic ／ Elisa Locci ／ assistant ● 111:zloitapok ／ MonumentalArt ／ Albert Russ ● 113:ChinellatoPhoto ／ AHPix ● 115:magnetix ／ Marbury ／ MarcelClemens ● 116-117:magnetix ／ farbled ／ rsooll ● 119:Fribus Mara ／ psamtik ／ Madlen ● 121:Fablok ／ Albert Russ ／ Wasu Watcharadachaphong ● 122:Yarygin ／ Cuson ● 124-125 ○ MarcelClemens ／ Gareth Howlett ／ fztommy ／ FrameAngel ／ Volosina ● 126-127:KPG_Payless ／ Nicola Dal Zotto ／ afloox ● 130-131:Miriam Doerr ／ Chursina Viktoriia ／ Botond Horvath ／ Albert Russ ● 133:magnetix ／ Max Mosin ● 135:Ezz Mika Elya ● 137:bonchan ／ MarcelClemens ／ demarcomedia ● 139:Vitaly Korovin ● 140-141:Adam J ／ osa ／ Rasulov ／ AlexLMX ● 143:Albert Russ ／ Georgios Kollidas ／ Teodora D ● 144-145:Dja65 ／ sevenke ／ lumen-digital ／ Oreena ● 147:Albert Russ ／ mongione ／ Wolna ● 148-149:Albert Russ ／ tanja-vashchuk ／ scyther5 ● 151:jiangdi ／ Hellen Sergeyeva ／ yumehana ● 153:Hadrian ／ Alexandru Nika ● 158-159:Albert Russ ／ thailoei92 ／ Boonsom ／ beboy ／ Phongkrit ● 160-161:Ammacintosh Pakpintong ／ Evgeniapp ／ ifong ● 162:Peter Sobolev ／ Africa Studio ● 164-165:Viktorus ／ Vladyslav Danilin ／ Produktownia ● 166-167:Olga Popova ／ sippakorn ／ MR.TEERASAK KHEMNGERN ● 170:asharkyu ● 172-173:Volina ／ Johan Swanepoel ● 174-175:Imfoto ／ yurazaga ／ Puwadol Jaturawutthichai ● 177:Albert Russ ／ Munish Kaushik ／ Steve Horsley ● 179:Jose Luis Calvo ● 181:Ian Grainger ／ Ti Santi ／ Esteban De Armas ● 183:Art_girl ／ dien ● 185:claffra ／ photong ／ Zbynek Burival ● 187:MarcelClemens ／ Everything ／ Mrs_ya ● 188-189:repox ／ MarcelClemens ／ FedotovAnatoly ／ Epitavi ● 190-191:mitzy ／ MarcelClemens ／ Everett Historical ● 193:SIHASAKPRACHUM ● 198-199:Zbynek Burival ／ Tewan Yangmee ● 200-201:MarcelClemens ／ MarcelClemens ／ MarcelClemens ● 202-203:bonchan ● 204-205:Aleksandra Pikalova ／ 360b ／ Alexander Zavadsky ● 210-211:dovla982 ／ yui ● 212-213:Nicku ／ MapensStudio ● 214-215:MapensStudio

© Fotolia.com

87:B. Wylezich ● 107:B. Wylezich ● 109:B. Wylezich ● 132-133:RED-ON ／ ChristopheB ● 190:vadim_nepobedim

◎その他

21:NASA/WMAP Science Team ● 63:NASA, ESA and the Hubble Heritage Team ● 67:NASA/SDO/Goddard Space Flight Center ● 71:Wilco Oelen ／ NASA/MSFC/David Higginbotham/Emmett Given ● 81:NASA Ozone Watch ● 123:Wilco Oelen ● 126-127:Wilco Oelen ／ Hi-Res Images of Chemical Elements ● 132:Rob Lavinsky, iRocks.com ● 144:Wilco Oelen ● 149:Wilco Oelen ● 153:NASA/JPL-Caltech ● 157:Wilco Oelen ● 164:NASA/JSC ● 169:Hi-Res Images of Chemical Elements ／ wiki[at]filousoph.sent.com ● 171:Elke Wetzig Elya ● 172-172:Svens Welt ／ Wilco Oelen ● 174:Dnn87 ● 178-179:U.S. Air Force photo ／ AEDC courtesy photo ／ Tomihahndorf ／ Wilco Oelen ● 183:U.S. Geological Survey ● 188:Wilco Oelen ● 194:Pacific Ring of Fire 2004 Expedition. NOAA Office of Ocean Exploration; Dr. Bob Embley, NOAA PMEL, Chief Scientist ● 197:Arma95 ● 202-203:NASA/JPL ／ NASA/JHU APL/SwRI/Steve Gribben

●主な参考資料
『学研の図鑑　美しい元素』（学研教育出版編　学研教育出版）／『世界で一番美しい元素図鑑』（セオドア・グレイ著　若林文高監修　武井摩利訳　創元社）／『元素111の新知識　第2版増補版』（桜井弘編　講談社）／『Newton別冊　完全図解周期表　第2版』（玉尾皓平、桜井弘著　ニュートン・プレス）／『図解入門　よくわかる　最新元素の基本と仕組み』（山口潤一郎著　秀和システム）／『図解雑学　元素』（富永裕久著　ナツメ社）／『レアメタルから放射能まで　最新図解　元素のすべてがわかる本』（山本喜一監修　ナツメ社）／『よくわかる元素図鑑』（左巻健男、田中陵二著　PHP研究所）／『ヴィジュアル新書　元素図鑑』（中井泉著　KKベストセラーズ）／『元素のことがよくわかる本』（ライフ・サイエンス研究班編　河出書房新社）／『元素大百科事典』（渡辺正監訳　西原寛他訳　朝倉書店）／『理科年表　平成26年』（国立天文台編　丸善出版）／他

※その他、多数の書籍やウェブサイトを参考にさせていただいております。

元素の秘密がわかる本

2015年10月7日　第1刷発行

編集制作◎出口富士子（ビーンズワークス）
執筆協力◎水野寛之／板垣朝子
デザイン◎石橋成哲
図版制作◎有限会社ケイデザイン
写真協力◎NASA／USGS／アフロ／アマナイメージズ／Shutterstock／Fotolia／フォトライブラリー／他

編　　者◎科学雑学研究倶楽部
発 行 人◎鈴木昌子
編 集 人◎長崎　有
企画編集◎宍戸宏隆

発 行 所◎株式会社　学研パブリッシング
　〒141-8412　東京都品川区西五反田2-11-8
発 売 元◎株式会社　学研マーケティング
　〒141-8415　東京都品川区西五反田2-11-8
印 刷 所◎岩岡印刷株式会社

この本に関する各種のお問い合わせは、次のところへご連絡ください。
【電話の場合】
●編集内容については　Tel03-6431-1506（編集部直通）
●在庫、不良品（落丁、乱丁）については　Tel03-6431-1201（販売部直通）
【文書の場合】
〒141-8418　東京都品川区西五反田2-11-8
学研お客様センター「元素の秘密がわかる本」係

この本以外の学研商品に関するお問い合わせは下記まで。
Tel03-6431-1002（学研お客様センター）